河南省濮阳市 耕地地力评价

◎ 屈素斋 等 主编

中国农业科学技术出版社

图书在版编目（CIP）数据

河南省濮阳市耕地地力评价 / 屈素斋等主编 . —北京：
中国农业科学技术出版社，2014.12
ISBN 978 - 7 - 5116 - 1841 - 2

Ⅰ. ①河…　Ⅱ. ①屈…　Ⅲ. ①耕作土壤 - 土壤肥力 -
土壤调查 - 濮阳市②耕作土壤 - 土壤评价 - 技术报告 - 濮
阳市　Ⅳ. ①S159. 261. 3②S158

中国版本图书馆 CIP 数据核字（2014）第 229295 号

责任编辑	白姗姗
责任校对	贾晓红

出 版 者	中国农业科学技术出版社
	北京市中关村南大街 12 号　邮编：100081
电　　话	(010)82106638(编辑室)　　(010)82106624(发行部)
	(010)82109709(读者服务部)
传　　真	(010)82106650
网　　址	http://www.castp.cn
经 销 者	各地新华书店
印 刷 者	大恒数码印刷(北京)有限公司
开　　本	889mm×1 194mm　1/16
印　　张	13　　彩插　30 面
字　　数	333 千字
版　　次	2014 年 12 月第 1 版　2014 年 12 月第 1 次印刷
定　　价	48.00 元

前　　言

濮阳市，位于河南省东北部，黄河下游北岸，冀、鲁、豫三省交界处。与山东省的聊城市、菏泽市接壤，河南省的新乡市、安阳市、河北省的邯郸市相邻，地处北纬 35 度 20 分 0 秒～36 度 12 分 23 秒，东经 114 度 52 分 0 秒～116 度 5 分 4 秒，东西长 125 千米，南北宽 100 千米。

濮阳市自 2005 年开始实施国家测土配方施肥补贴项目，到 2009 年项目已覆盖全市。其中清丰县在 2005 年开始实施，濮阳县 2006 年，南乐县 2007 年，范县、台前县 2008 年，合并区 2009 年相继实施。按照项目任务要求，2005—2012 年全市共采集了 40 595 个土样，分析化验 329 523 次，通过在小麦、玉米等作物上的田间试验获得了肥料利用率、校正系数、养分丰缺等指标，初步建立了施肥指标体系，为全面推广普及测土配方施肥技术奠定了基础。开展耕地地力评价工作，可以查明耕地资源的质量等级，限制性类型及其强度，并给出其数量与区域分布情况，以便服务于新形势下土地利用结构调整及新的土地利用规划，为其未来生产进一步发展指明方向，进而逐步实现以土壤地力为核心的农业可持续发展；通过耕地地力评价能科学分析濮阳市区域内的粮食生产潜力，对区域内中低产田类型进行划分并提出改良对策，为测土配方施肥技术的普及提供基本手段。

根据《农业部办公厅关于做好耕地地力评价工作的通知》（农办农〔2007〕66 号）文件要求，在河南省土肥站的统一组织下，濮阳市土肥站启动了耕地地力技术评价工作，由于此项工作时间紧、任务重，濮阳市土肥站自各县抽调了业务骨干进行集中编写。本次耕地地力评价完全按照农业部《测土配方施肥技术规范》和《耕地地力评价指南》确定的技术方法和技术路线进行，采用了由农业部、全国农业技术推广服务中心和江苏省扬州市土肥站共同开发的《县域耕地资源管理信息系统》平台。通过建立县域耕地资源基础数据库、建立耕地评价指标体系、确定评价单元、建立县域耕地资源管理信息系统、评价指标数据标准化与评价单元赋值、综合评价、撰写报告等一系列技术流程，于 2012 年 12 月完成了《河南省濮阳市耕地地力评价》的编写工作。

通过耕地地力评价工作，取得了较为丰富的成果。

一、建立了濮阳市耕地资源管理信息系统。该系统以市级行政区域内耕地资源为管理对象，以土地利用现状与土壤类型的结合为管理单元，对辖区内耕地资源进行信息采集、管理、分析和评价，是本次耕地地力评价的系统平台。在增加相应技术模型后，不仅能够开展作物适宜性评价、品种适宜性评价，也能够为农民、农业技术人员以及农业决策者合理安排作物布局、科学施肥、节水灌溉、提高灌溉率等农事措施，提供耕地资源信息服务和决策支持。

二、撰写了濮阳市耕地地力评价技术报告。通过本次耕地地力评价，将濮阳市区域内耕地划分为五个等级，并针对每一个等级的耕地提出了合理的耕地利用改良建议。完成了濮阳市耕地地力评价工作、技术、专题报告各一份。

三、对第二次土壤普查形成的成果进行系统整理。本次耕地地力评价，充分利用和保护第二次土壤普查资料，对土壤图进行数字化，对全市耕地土壤分类系统进行整理，并与省土壤分类系统对接。

四、编制了濮阳市土壤图、耕地地力等级分级图、农作物灌溉保证率图、农田排涝能力图、耕地土壤有机质、全氮、有效磷、速效钾、缓效钾、pH 值、及部分中微量元素的养分分布专题图件。

五、奠定了基于 GIS 技术提供科学施肥技术咨询、指导和服务的基础。

六、为农业领域内利用 GIS、GPS 等计算机技术，开展区域内农业资源评价、建立农业生产决策支持系统奠定了基础。

目　　录

第一章 濮阳市农业生产与自然资源概况

第一节 地理位置与行政区划

一、地理位置

濮阳市，位于河南省东北部，旧称澶州，黄河下游北岸，冀、鲁、豫三省交界处（附图1）。与山东省的聊城市、菏泽市接壤，河南省的新乡市、安阳市、河北省的邯郸市相邻，地处北纬35度20分0秒～36度12分23秒，东经114度52分0秒～116度5分4秒，东西长125千米，南北宽100千米。濮阳市交通便利，汤台铁路横贯东西，大广高速纵贯南北，濮鹤高速、濮范高速、南林高速的建成通车促进了濮阳市经济的进一步发展。

全市土地面积为4 188平方千米，约占全省土地面积的2.57%，其中，耕地面积26.98万公顷。全市总人口384万人，其中，农业人口246.09万人，非农业人口137.91万人，市区人口78.91万人。全市有30个少数民族，百人以上的为回族、满族、土家族、壮族、蒙古族。濮阳市地势平坦，属于黄河冲积平原，气候宜人，土地肥沃，灌溉便利，是中国重要的商品粮生产基地和河南省粮棉主要产区之一。主要农作物有小麦、玉米、水稻、大豆、棉花、花生等。畜牧养殖业已形成肉鸡、蛋鸡、品种羊、瘦肉型猪和牛五大养殖基地，产品远销国内外。濮阳市位于中原油田开发腹地，境内矿产资源主要有石油、天然气、盐、煤等，且油气品质优良，综合利用价值高。

二、行政区划

至2011年年底，濮阳市辖濮阳县、清丰县、南乐县、范县、台前县和华龙区5县1区及濮阳高新技术产业开发区（市政府派出机构），下辖51个乡，24个镇，11个办事处，共有2 979个村民委员会，118个社区居委会（附图2）。1983年9月1日经国务院批准建立濮阳市，并将原安阳地区所辖滑县、长垣、濮阳、内黄、清丰、南乐、范县、台前8个县划归濮阳市。1984年2月，撤销濮阳县成立濮阳市郊区。1985年12月30日，经国务院批准，设立濮阳市市区，划濮阳市郊区胡村乡、孟轲乡、王助乡、城关镇、岳村乡及清河头乡一部分置濮阳市市区。1986年1月18日，濮阳市所辖滑县、内黄县划归安阳市，长垣县划归新乡市。1987年4月20日，撤销濮阳市郊区恢复濮阳县建置，并将市区城关镇划归濮阳县，同时把城关镇的马呼屯、辛庄、辛庙、贾庄、申庄5个村划归市区孟轲乡。2002年12月25日，经国务院批准，市区更名为华龙区。2005年11月，濮阳市完成撤并乡镇工作，濮阳县撤销两门镇，将其行政区域划归海通乡管辖；新习乡由高新区代管。清丰县撤销王什乡，将其行政区域划归华龙区胡村乡管辖（调整后的胡村乡由高新区继续代管）。范县撤销孟楼乡，将其行政区域划归龙王庄乡管辖。2006年1月，濮阳市华龙区成立昆吾街道办事处和皇甫街道办事处，并整体移交濮阳高新区管理。2008年4月，濮阳市华龙区成立长庆路街

1

道办事处。

第二节　农业生产与农村经济

一、农村经济情况

濮阳市是一个以粮食生产为主的农业市，改革开放、土地承包以来，农业生产得到了长足的发展。2011年第一产业（农林牧渔业）生产总值达到107.64亿元，其中，农业产值64.50亿元，林业产值3.69亿元，牧业产值37.43亿元，渔业产值0.73亿元，农林牧渔服务业1.29亿元。

（一）农民家庭基本情况

2011年农民家庭劳动力人数2.87人/户，平均每个劳动力负担人口1.4人，平均每个劳动力经营耕地1.94亩*，人均住房面积26.72平方米，人均住房价值274.61元/平方米。新建（购）住房面积人均2.08平方米，新建住房价值442.48元/平方米。

（二）农民家庭总收入及现金支出情况

2011年农民家庭总收入达到人均6 092元。其中，工资性收入2 010.45元，家庭经营收入4 376.21元，财产性收入101.93元，转移性收入218.52元。全年家庭现金总支出人均4 675.02元，其中，家庭经营费用支出1 498.56元，购买生产性固定资产支出86.33元，制造生产性固定资产雇工支出13.38元，税费支出7.33元，生活消费支出2 910.93元，财产性支出2.06元，转移性支出156.44元。

二、农业生产现状

1. 粮食生产能力稳步提高

濮阳市高度重视粮食生产，通过实施农业综合开发、标准粮田建设和粮食核心区建设项目，大大改善了农业生产条件。2004年以来，濮阳市粮食总产平均以2%的增幅逐年提高，从2004年的196.6万吨增加到2009年的249万吨，连续六年创历史新高；粮食单产达到453千克/亩，位居全省前四位。2011年，濮阳市粮食总产达251万吨，其中，夏粮147.8万吨、秋粮103.2万吨，同比分别增加1.1万吨、0.9万吨，实现了连续八年增产，并再创历史新高。

2. 农业结构调整力度不断加大，粮食优质化进程不断加快

2011年优质粮面积达到30.2万公顷，比2006年增加6.4万公顷，棉花、油料、瓜菜总产增幅均在5%以上。经济作物面积发展到13.47万公顷，其中，食用菌、蔬菜、花卉等高效经济作物面积达到9.33万公顷。优势农产品基地建设已具规模。在全市建成了濮阳县、清丰县、南乐县为主的13.33万公顷优质小麦生产基地，濮阳县、范县4.2万公顷优质水稻生产基地，清丰县、范县为主的8万吨食用菌生产基地，高新区、华龙区等市郊近1.33万公顷优质无公害蔬菜生产基地，濮阳县、清丰县为主的2万公顷优质出口型大果花生基地，清丰县为主的1.67万公顷小尖椒和台前县0.4万公顷大蒜生产基地，濮阳县冬枣、南乐县

＊　1亩=667平方米

红杏为主的优质杂果生产基地，高新区为主的 400 公顷花卉生产基地等"八大基地"。设施农业建设全面推进。濮阳市委、市政府把推动设施农业发展确定为今后五年农业农村工作的重点。目前，全市共新（扩）建大小现代设施农业园区 101 个，设施农业总面积达到 1.33 万公顷。无公害农产品、绿色食品快速发展。全市农产品"三品"（无公害农产品、绿色食品、有机食品）总面积达到 10.67 万公顷；全市优质小麦种子基地发展到 0.73 万公顷，除满足濮阳市优质小麦用种需求外，还远销河北省、山东省部分地区。

3. 农业产业化经营水平显著提高

2005 年起，濮阳市每年安排 200 万元支持农业产业化经营发展。2011 年年底，全市各类农业产业化经营组织发展到 1 353 个，带动农户 40.8 万户，户均增收 1 700 元。龙头企业迅速壮大。2012 年上半年，全市农业产业化龙头企业由 2005 年底的 376 家发展到 502 家，省级龙头企业达到 23 家。其中，127 家市级以上（含省级）重点龙头企业实现销售收入 64.3 亿元、利税 5.4 亿元；年销售收入超亿元的达 16 家，比 2005 年增加 6 家，形成了训达油脂、伍钰泉面业、家家宜米业、天灌米业、全力食业、龙丰纸业等一大批区域化布局的产业化龙头企业群，成为濮阳市农村经济的支柱产业。特别是农民专业合作社快速发展。全市农民专业合作社由 2007 年的 10 余家发展到 876 家，成员达 16.7 万户。专业市场营销网络快速发展。市场联基地、基地育市场的经营体系逐步完善，建成各类农产品交易市场 170 个，基本形成了以初级集贸市场为基础、专业市场为骨干、区域性批发市场为中心的市场体系。

4. 各项涉农实事得到较好落实

一是各项支农惠农政策得到较好落实。近几年来全市共落实各种惠农补贴资金 11 亿多元，仅 2011 年就落实 3 亿多元，其中，农机购置补贴 3 367 万元，补贴各类农业机械 3 606 台。二是农村沼气建设稳步推进。全市累计完成户用沼气池 10 万座，大型沼气工程 13 处，沼气服务网点 208 个。2011 年新建户用沼气池 7 741 座，完成全年目标任务的 77.4%。三是农村安全饮水工程进展顺利。2004 年以来，濮阳市累计投入资金 2.396 亿元，共解决 60.46 万人的饮水不安全问题。到 2011 年底，累计农村饮水安全达标人口 236.15 万人，其中饮水达到基本安全人口 108.18 万人，农村自来水普及率已达 53%。四是农民工转移就业培训扎实开展。2004—2011 年，通过实施"阳光工程"，累计培训农民工 6 万余人，有力地带动了农村劳动力转移，促进了农民增收。

第三节　农业自然资源条件

一、气温

濮阳市位于中纬地带，常年受东南季风环流的控制和影响，属暖温带半湿润季风型大陆性气候。特点是四季分明，春季干旱多风砂，夏季炎热雨量大，秋季晴和日照长，冬季干旱少雨雪。光辐射值高，能充分满足农作物一年两熟的需要。年平均气温为 13.3℃，年极端最高气温达 43.1℃，年极端最低气温为 -21℃。一年中气温的变化，7 月最热，平均 26.7～27℃；1 月最冷，平均气温 -2.3～-1.9℃。平均初霜日 10 月 28 日，平均终霜日在 4 月 4 日，无霜期一般为 205 天。年平均风速为 2.7 米/秒，常年主导风向是南风、北风。夏季多南风，冬季多北风，春秋两季风向风速多变。

二、光照与热量

濮阳市各县平均日照时数为 2 427.2～2 638.5 小时。全市日照最多月出现在 5 月，多年平均值为 251.9～276.4 小时；最少月是 2 月，多年平均值为 158.5～173.6 小时。濮阳市太阳辐射量 116.6～120 千卡/平方厘米。以夏季辐射值较高，约占全年的 39.6%；冬季最少，约占全年的 18.3%，能被植物光合作用直接利用的光合有效辐射总量为 57.3～58.8 千卡/平方厘米。

三、降水量

濮阳市年平均降水量 502.3～600.1 毫米。在空间上，呈现由南向北，由西向东逐渐减少的趋势。在时间上，夏季（6～8 月）最多，其平均降水量占年均降水量的 57.8%～61.2%；冬季（12 月至翌年 2 月）最少，只占平均降水量的 3.3%～3.8%。濮阳市年平均无降水日数 261 天，有降水无雨量年平均 35 天，≥0.1 毫米的年平均降水日数 69 天，≥5 毫米的年平均降水日数 25 天，≥10 毫米的年平均降水日数 16 天，≥25 毫米的年平均降水日数 6 天，≥25 毫米的年平均降水日数 2 天。雷暴日数年平均 9.5 天。平均初雷日出现在 4 月 17 日，平均终雷日在 9 月 19 日。大雾日数年平均 16.8 天，以 1～2 月、11～12 月大雾日数较多，月平均 2～4 天。平均初雪日在 12 月 12 日，年平均终雪日在 3 月 12 日，年平均降雪日 10.7 天。在春夏之间局部地区常有冰雹，最早冰雹期 3 月下旬，最晚 10 月上旬，一般在 5 月上旬至 8 月下旬。

四、地表水资源

濮阳市属河南省比较干旱的地区之一，水资源不多。地表径流靠天然降水补给，平均径流量为 1.85 亿立方米，径流深为 432 毫米。境内浅层地下水总量为 6.73 亿立方米，其中，可供开采的 6.24 亿立方米。濮阳境内有河流 97 条，多为中小河流，分属于黄河、海河两大水系。过境河主要有黄河、金堤河和卫河。另外，较大的河流还有天然文岩渠、马颊河、潴龙河、徒骇河等。

1. 黄河干流

自新乡市长垣县何寨村东入濮阳市，流经濮阳县、范县、台前县 3 县，由台前县张庄村北出境，境内流长约 168 千米，流域面积 2 278 平方千米，约占全市总面积的 54%。这段黄河水量比较丰富，是濮阳的主要过境水资源。黄河年平均流量为 1 380 立方米/秒，年平均径流总量为 436.6 亿立方米。

2. 金堤河

系黄河的一条支流，源于新乡县荆张庄排水沟，自安阳市滑县五爷庙村入濮阳境，流经濮阳、范县、台前 3 县，于台前县吴坝乡张庄村北汇入黄河。境内流长 125 千米，流域面积 1 750 平方千米，约占全市总面积的 42%。它在境内的主要支流有回木沟、三里店沟、五星沟、房刘庄沟、胡状沟、濮城干沟、孟楼河等。濮阳水文站的资料表明，金堤河年平均流量为 5.26 立方米/秒，年平均径流量为 1.66 亿立方米。金堤河干流河道宽浅，比降平缓，流域内洪涝灾害频繁。1995 年国家农业综合开发办公室批准治理金堤河，设计防洪标准 20 年一遇，除涝标准 3 年一遇。1996 年 11 月金堤河治理工程全面开工，2002 年已全部完成建设任务。治理后的金堤河河床宽、深，蓄水量大，南北小堤堤防坚固，充分发挥了防洪、除涝和减灾的作用。

3. 卫河

源于太行山南麓的山西省睦川县（一说源于辉县百泉），自安阳市内黄县南善村北入濮阳市，流经清丰、南乐两县，于南乐县西崇町村东出境，入河北省再至山东临清入运河，境内流长 29.4 千米，流域面积 380 平方千米。境内主要支流有硝河、加五支等。卫河支流多出自太行山区，源短流急，暴雨集流迅速，支大干小，排水不及，常泛决成灾，历史上多有记载。新中国成立以后，曾对干流进行了局部疏浚、扩挖、截流、清淤，并对堤防多次修复，泄洪流量由 650～850 立方米/秒，提高到 2 000～2 500 立方米/秒。卫河年均径流总量为 27.47 亿立方米，平水年为 23.91 亿立方米，偏旱年为 14.29 亿立方米。

4. 马颊河

发源于濮阳澶州坡，自西向东北流经濮阳县、华龙区、清丰县和南乐县，自南乐县西小楼村南出境，至山东临清穿大运河东北而去，注入渤海。境内流长 62.5 千米，流域面积 1 150 平方千米，境内主要支流为潴龙河。年平均流量为 2.47 立方米/秒，年平均径流量为 0.7 亿立方米。

过境水中，引用黄河水的潜力最大。偏旱年份，全市可供利用的过境水总量 8.54 亿立方米，平水年为 6.56 亿立方米，其中，大部分是黄河水。

五、地下水资源

濮阳地下水分布广泛，富水区和中等水区约占全市总面积的 70%。但近些年，由于大量开采地下水，年开采量大于补给量，导致地下水位逐年下降。浅层地下水，金堤以南，受黄河侧渗和引黄灌溉的影响，地下水埋深大部为 5～8 米，蕴藏量比较丰富；金堤以北浅层地下水丰富度较低，且埋深达 10 米以上。由于地下水补给条件差和超量开采，导致地下水位逐年下降，形成漏斗区。漏斗中心在清丰县城关、南乐县近德固等地，地下水埋深均在 17 米以上，且逐年下降。

第四节　农业基础设施

一、农业水利设施

濮阳市成立后，首先对引黄灌区进行了重新规划，改建扩建，合理配套，陆续建成了 9 个中型引黄灌区，9 处引黄闸门，11 处虹吸工程。一半以上灌区，实现了井渠双配套。为补充地下水源，缓解地下水位下降、漏斗面积逐年扩大的趋势，几十年来开挖了 3 条濮清南引黄补源灌渠。先后进行了黄河背河洼地治理、黄河滩区治理和金堤河近期治理，完成了设计灌溉面积超过 30 万亩的国家级大型灌区，有渠村灌区、南小堤灌区、彭楼灌区等一大批国家、省、市重点水利工程。2011 年全市有效灌溉面积 21.96 万公顷；旱涝保收面积 18.94 万公顷。水资源总量偏旱年（频率 75%）为 15.931 亿立方米，平水年（频率 50%）13.951 亿立方米。全市工农业和城乡生活需水量，偏旱年为 20.37 亿立方米，供水量比需水量少 4.439 亿立方米；平水年需水量 15.64 亿立方米，缺 1.689 亿立方米。实际用水量因旱情不同，年际差异很大。排涝情况，金堤河流域夹在金堤和临黄堤之间，无自然排水出路，主要依靠张庄闸提排，本区降水加上上游客水常造成涝灾。坚持防涝抗旱两手抓。加大对黄河、卫河等主要河流堤防的维修力度，备足备好防汛物资，连续九年迎战黄河小浪底调水调砂洪峰，确保了 4 700 个流量护滩工程不决口，不漫滩。年均引黄灌溉量达 7 亿立方米以上，浇灌面积 720 多万亩次，确保了粮食连年丰收。

二、农业生产机械

截止到 2011 年年底，濮阳市农机总动力达 407 万千瓦，较"十五"末增加 30 万千瓦；全市农业机械原值达到 19.9 亿元，较"十五"末增加 3.9 亿元；农机装备结构升级步伐明显加快。拖拉机总数达到 10 万台，其中，大中型拖拉机 7 900 台，大中型联合收割机 4 800 台。小型机械在引导调控中下降，部分小型机械淘汰速度加快，逐步退出农机作业市场。截止到 2011 年年底，濮阳市机耕面积达到 27.93 万公顷，机播面积达到 25.6 万公顷，机收面积达到 24.67 万公顷。其中，小麦机收面积 21.33 万公顷，基本实现全程机械化；水稻、玉米、花生等秋作物机械化、保护性耕作、秸秆还田及秸草扎捆等技术得到了有效推广应用，全市农作物耕种收综合机械化水平达到 85%，较"十五"末提高了 14 个百分点，农机化水平快速提高。

第五节　农业生产简史

濮阳自古是农业区，农业生产在国民经济中占有重要地位。历史上以农作物种植为主，垦殖率在 95% 以上，以旱作农业为主，主产小麦、玉米、水稻、杂粮及薯类。勤劳的濮阳农民，利用优越的自然条件，在长期的农业生产实践中积累了科学种田，战胜自然灾害的丰富经验，粮食产量由 1949 年亩产 47 千克，提高到 2010 年粮食亩产 440 千克。农业生产条件由解放初期的靠天收，已发展到现在旱涝保收面积 18.94 万公顷。

1949—1952 年为三年经济恢复时期。各级党委和政府都很重视农业生产。采取了一系列措施，如改革农具，推广七寸步犁；大力兴修水利，开挖马颊河、金堤河，打井下泉；引进良种，开始使用"六六六""滴滴涕"农药，农民生产积极性十分高涨，开展互助合作运动，发放救灾粮款；改革税收制度，减轻农民负担；修筑黄河大堤，防止黄河水患等，促进了农业生产的恢复和发展。1952 年全市农业总产值 19 285 万元，粮食总产量 391 125 吨。

1953—1957 年是国家对农业实行社会主义改造和全面开始有计划的社会主义经济建设（第一个五年计划）时期。濮阳地区自 1953 年互助组转为初级社，1956 年底全部建立高级社，完成了生产关系由私有制向集体所有制的变革，同时实行了对主要农产品的统购统销政策，影响了农民生产积极性的发挥，导致农业生产发展缓慢。1957 年农业总产值 26 108 万元，比 1952 年增加 35.4%。

1958 年开展了大跃进和人民公社化运动。"一大二公"的体制和严重的"五风"挫伤了农民积极性，加上 1959—1961 年的自然灾害，使农业生产力遭到严重破坏，农作物产量急剧下降，造成三年严重困难时期。1961 年与 1957 年相比，农业总产值 9 153 万元，下降 64%；粮食总产量 168 895 吨，下降 56%。

1961 年春，中央为了纠正"左"倾错误，农村人民公社实行了以生产队为基本核算单位的"三级所有、队为基础"的管理体制，坚持按劳分配的原则，实行三自一包等措施，使农民得到休养生息，农业生产元气得到一定程度恢复。经过三年的调整、巩固、充实、提高，1965 年农业总产值达到 18 024 万元，比 1961 年增长 89%；粮食总产量 344 685 吨，比 1961 年增长 104%，但是仍未达到 1957 年的水平。

1966—1978 年是"文化大革命"及其影响时期。由于极左盛行，动乱严重，使农业生产受到一定程度的干扰破坏。由于农村受"文化大革命"的影响相对较轻，农业生产体制和党的农村政策基本未变，"农业是国民经济的基础"地位没有动摇，国家向农业的投入有所增加，农业生产条件得到改善，使农业生产仍然在曲折中发展。1978 年农业总产值41 569 万元，比 1966 年增长 117.8%；粮食总产量 687 515 吨，比 1966 年增长 112.4%。

1979—1983 年为家庭联产承包经营责任制的试验和确立时期。农民有了生产经营自主权，使责、权、利三者紧密结合起来，调动了农民生产积极性，拉开了濮阳市农村改革开放的序幕，使农业生产迅速发展。1983 年农业总产值 658 383 万元，比 1978 年增长 58.4%；粮食总产量 1 058 295 吨，比 1978 年增长 143.9%。农民人均纯收入达到 230 元，迅速实现了温饱。

1984—1991 年，国家开始改革计划经济时代的农产品购销体制，取消了粮、棉、油等主要农产品的派购政策，废止了实行多年的粮本、布票等，增强了农民的商品意识，促进了农村商品经济的发展。濮阳市坚持治水兴农和科教兴农的方针，使农业生产得到全面发展1991 年农业总产值达到 116 054 万元，比 1983 年增长 76.3%；粮食总产量 143.75 万吨，比 1983 年增长 35.8%。农民人均纯收入达到 632 元，比 1983 年提高 174.8%。

1992—2000 年，濮阳市农业和农村经济步入了社会主义市场经济体制的轨道。农业基础设施得到大力加强，农业生产条件大幅提高，做到了一般灾害能增产，大旱之年不减产，大涝之年损失减少。2000 年农业总产值 273 262 万元，比 1991 年增长 1.35 倍；粮食总产量199.53 吨，比 1991 年提高 0.39 倍。农业结构调整步伐加快，农产品由数量型向高产、优质、高效转化。2000 年濮阳市农民人均纯收入 1 844.61 元，比 1991 年增加 1 212.61 元，生活质量进一步改善。

2011 年粮食总产量 251.03 万吨，比 2000 年增长 25.8%；平均粮食单产 440 千克/亩，比 2000 年平均单产 380 千克/亩，增长 15.8%；2011 年农业总产值 107.62 亿元，比 2000 年提高了 2.9 倍；2011 年濮阳市农民人均纯收入 6 707.12 元，比 2000 年增加 4 862.51 元。

第六节　农业生产上存在的主要问题

濮阳市从第二次土壤普查以来，在改良利用土壤方面做了大量工作，取得了显著的效果，但仍然存在障碍农业生产发展的因素。

一、抗御自然灾害能力薄弱

濮阳市的自然灾害主要来自气候条件的变化，气候条件基本上左右着濮阳市的农作物产量，丰歉年之间产量变化幅度较大。

二、耕地地力出现下降趋势

近 25 年来，由于农家肥投入数量锐减，单位面积产量大幅上升，土壤肥力消耗过大；

目前，农业以农户分散经营为主，大型拖拉机拥有量下降，现有大型农机具利用率不高，能够实现深翻的耕地极少，致使耕地土壤犁底层上移，耕作层变浅，降低了土壤保水保肥的性能和抗御自然灾害的能力。

三、农业生态环境依然很脆弱

濮阳市处在暖温带大陆季风气候区，降雨偏少且不均，蒸发量大，地下水储量不足，水资源贫乏，干旱仍然是农业生产发展的重要障碍因素。

四、农业新技术的引进和推广比较缓慢

由于受到经费严重不足等诸多因素的困扰，影响了新技术的引进和推广应用。如培肥地力技术、生物防治病虫草害技术、配方施肥技术、无公害生产技术等，或推广面积不大，或难以持久。

第七节　农业生产施肥

一、化肥品种演变

化肥工业已有 140 多年历史。17 世纪初期，科学家们开始研究植物生长与土壤之间的关系。19 世纪初，德国人 J. 李比希研究植物生长与某些化学元素间的关系。

从 19 世纪 40 年代起到第一次世界大战是化肥工业的萌芽时期。那时，人类企图用人工方法生产肥料，以补充或代替天然肥料。磷肥和钾肥的生产开始的比氮肥早，原因是农业耕作长期施行绿肥作物和粮食作物轮作制以及大量使用有机肥料，所以对氮肥要求不很迫切。

1840 年，李比希用稀硫酸处理骨粉，得到浆状物，其肥效比骨粉好。不久，英国人 J. B. 劳斯用硫酸分解磷矿制得一种固体产品，称为过磷酸钙。1842 年他在英国建立工厂，这是第一个化肥厂。1872 年，在德国首先生产了湿法磷酸，用它分解磷矿生产重过磷酸钙，用于制糖工业中的净化剂。1861 年，在德国施塔斯富特地方首次开采光卤石钾矿。在这之前不久，李比希宣布过它可作为钾肥使用，两年内有 14 个地方开采钾矿。

19 世纪末期，开始从煤气中回收氨制成硫酸铵或氨水作为氮肥施用。1903 年，挪威建厂用电弧法固定空气中的氮加工成硝酸，再用石灰中和制成硝酸钙氮肥，两年后进行了工业生产。1905 年，用石灰和焦炭为原料在电炉内制成碳化钙（电石），再与氮气反应制成氮肥——氰氨化钙（石灰氮）。

新中国成立 50 多年来化肥工业国产化的历程大致经过了 20 世纪 50 年代的技术引进、60 年代的技术消化和 70 ~ 80 年代的技术国产化三个阶段。新中国真正的化肥工业是从 1956 年上海化工研究院合成小氮肥才开始的。中国化肥工业先后经历了硫酸铵、小氮肥碳酸氢铵、尿素、过磷酸钙、磷酸一铵、磷酸二铵、氯化钾、硫酸钾、低浓度复合肥、高浓度复合肥、BB 肥的不同阶段，近期以水溶性肥料为主。

20 世纪 50 年代，分别在吉林、兰州、太原和成都建成了 4 个氮肥厂。60 ~ 70 年代，又先后在浙江衢州、上海吴泾和广州等地建成了 20 余座中型氮肥厂。1958 年，化工专家侯德榜开发了合成氨原料气中二氧化碳脱除与碳酸氢铵生产的联合工艺，在上海化工研究院进行

了中间试验，1962 年在江苏丹阳投产成功。从此，一大批小型氮肥厂迅速建立起来，成为氮肥工业的重要组成部分。70 年代中期开始，又新建了一批与日产 1 000 吨氨配套的大型尿素厂。

磷肥的发展早于氮肥。1953 年开始利用国产磷矿研制磷肥并在农业上推广使用。1957 年，在南京年产 40 万吨过磷酸钙的工厂投产。此后，中小型过磷酸钙厂大批建立起来。50 年代末，中国开发了高炉生产熔融钙镁磷肥的方法，并在 60～70 年代里建立了一大批工厂，成为中国第二个主要磷肥品种。1967 年，在南京建成了一个磷酸铵生产装置，1982 年在云南的一个重过磷酸钙厂投产。中国土壤学家李庆逵等从 50 年代初开始研究磷矿粉直接施用问题，并在南方酸性土壤上推广施用。现在我国化肥年生产量约占世界总产量的 1/3，消费量约占世界总产量的 35%，我国已经成为世界上最大的化肥生产国和消费国。同时，还有部分优质品牌的肥料出口欧美、韩国、日本以及中东很多国家。

二、濮阳市施肥历史

有机肥又叫农家肥，俗称"粪"。春秋时代的《礼记》中有"烧矢行水，利以杀草，如以热汤，可以粪田畴"的记载，是利用天然肥料的开始。濮阳市有机肥自古代起一直是培肥地力、提高产量的有效途径，但至新中国成立前由于秸秆产量少，牲畜饲养量不多，有机肥资源量有限，加之积制保管不善，并非所有耕地都施用有机肥，平均每亩不到一方。新中国成立后曾几次开展了大力积造有机肥运动。1953 年提倡普及翁式茅池，以积制人粪尿；1959 年大力开展熏肥运动；1963 年开展了高温积肥；60 年代大力推广田菁等绿肥种植，最高年达 0.33 万公顷；70 年代大力发展养猪积肥；80 年代推广了玉米秸秆直接还田和秋作物田间进行麦秸麦糠覆盖；1988 年国务院发出了"关于重视和加强有机肥料工作的指示"和开展"沃土计划"工作，都在一定程度上推动了有机肥工作的开展。自 1989 年开始濮阳市推广普及"双瓮漏斗式茅池"，1995 年建成 42 万个，有力的改进了人粪尿的积制、保管。90 年代后，有机肥资源量随着农作物产量的提高和畜禽饲养量的增多而大幅增加。但是由于农民焚烧秸秆现象严重，有机肥的施用量增幅缓慢。进入 21 世纪后，随着大型收割机、旋耕机等农机具的应用，小麦、玉米的秸秆还田量大幅增加。

濮阳市应用化肥较晚。1951 年引进了少量的日本生产的硫酸铵，以后化肥的施用量逐年增多，种类和品种也不断增加。50 年代氮素化肥主要品种是硫酸铵，其次是硝酸铵，但数量少。60 年代开始施用国产的氨水和碳酸氢铵，同时，引进少量日本产尿素。70 年代各县相继建立了小化肥厂，主要生产碳酸氢铵。1977 年濮阳市共销售各类氮肥 33 633 吨（标准肥），进入 80 年代施用量迅速增多。90 年代中原化肥厂投入生产，氮肥品种以尿素为主，1995 年仅商业部门销售氮肥 390 447 吨标肥。

濮阳市施用磷肥晚于氮肥，自 1965 年开始引进试用，濮阳县于当年试用 218 吨，1968 年清丰县试用 230 吨，1971 年南乐县试用 218 吨，主要品种是过磷酸钙。1975 年全市共用 21 618吨，磷肥品种以钙镁磷肥为主。1980 年全市土壤普查开始后，发现土壤缺磷严重，很快掀起了磷肥热。1986 年全市共用磷肥 127 920 吨（实物量），2000 年施用磷肥 54 802 吨（纯量），施用方法基本上为基肥。施用作物主要是小麦、棉花、水稻和果树。

濮阳市钾肥施用又晚于磷肥。1983 年引进试用 955 吨，1989 年增至 28 555 吨，1995 年施用 19 522 吨，2000 年施用 30 120 吨，常用的钾肥有氯化钾、硫酸钾两种，主要用在小麦、棉花和果树上，多用于基肥。

　　濮阳市施用的复合肥有磷酸二氢钾、磷酸一铵、磷酸二铵、氮磷二元复合肥、氮磷钾三元复合肥等。磷酸二氢钾主要用于叶面喷施和浸拌种，1972年进行推广，1983年达4.69万公顷次，1995年达20万公顷次。其他复合肥主要用做基肥，1983年施用922吨，1988年施用6 308吨，1995年施用26 495吨，2000年施用42 447吨。

　　濮阳市常用的微量元素肥料有硫酸锌、硫酸锰、钼酸铵、硼砂、硫酸铜、硫酸亚铁等。70年代末发现作物缺锌症，1980年开始锌肥和其他微肥的试验示范，1994年推广应用微肥面积达212.4万亩次，用法为叶面喷施、拌种和基肥。

　　1951年在大豆、花生等豆科作物上推广应用过根瘤菌肥。1969—1975年推广应用"5406"、抗生菌肥，高峰时期达40余万亩。1990—1994年推广应用固氮菌肥，1991年施用小麦固氮菌肥0.18万公顷次；玉米固氮菌肥0.24万公顷次；1992年施用固氮菌肥0.5万公顷次；1993年0.3万公顷次；1994年0.09万公顷次。在80年代末至90年代初，还推广应用叶面宝、快丰收、高美施等有机液肥，最高年份推广面积超百余万亩，见下表。

　　现在化肥施用朝着优化、节能、高效方面发展。随着市场经济的进一步完善和人民生活水平的提高，高产优质、节能高效、无公害生产、绿色食品已成为当代农业生产新的特色，随之孕育而生的测土配方施肥，缺啥补啥，缺多少补多少，减少了因过量施肥造成的面源污染。优化了化肥品种结构，化肥品种由低浓度、单质型向高浓度、复合型、专用肥转型，促进了农业生产的发展。

表　历史施用化肥数量、粮食产量的变化情况

年份	化肥施用量（实物量、吨）	亩产（千克）
1951	10	50
1955	540	53
1965	4 835	63
1975	73 000	127
1985	246 460	183
1995	540 373	325
2000	192 931（折纯量）	380
2011	258 880（折纯量）	440

三、有机肥施肥现状

　　濮阳市在农业生产方面，历来就有积造施用有机肥的良好习惯。20世纪90年代前在农闲季节，农民的主要任务就是利用各种作物秸秆、杂草、枯枝败叶、人畜粪尿等原料积造有机肥，重点施用于小麦底肥和部分春作物基肥，每亩用量3 000千克左右。近些年来，农村生产管理发生了变化，青壮劳动力大部分外出务工，农村劳动力缺乏，有机肥施用锐减。出现秸秆焚烧现象，有机肥施用主要分布在饲养户和个别劳动力充裕的农户当中，养殖户一般每亩基施用量在2 000千克以上，肥料质量很高，土壤肥力相对较高，一般农户有机肥施用很少或不施用。

　　2005年以来，随着大型小麦收割机和玉米秸秆还田机械的推广应用，秸秆还田量逐年

增加。2011 年小麦机收面积达到 21.72 万公顷，基本做到麦秸、麦糠覆盖。玉米秸秆还田面积 7.5 万公顷。连年的秸秆还田，使土壤有机质得到补充和提高，如土壤有机质平均含量由 1985 年前后的 8.08 克/千克，上升到现在的 13.1 克/千克，土壤结构得到改善，肥力提高，增加了耕地土壤的生产能力。

四、化肥施用现状

2005 年以来，经过各级农业技术部门，特别是土肥技术部门对科学施肥、测土配方施肥技术的大量宣传，农民施肥意识有了很大提高，农户单施一种肥料现象逐渐消失，复合肥用量大幅度提升，但少数农民，还缺乏科学施肥依据，仅靠听广告，看包装、凭经验施肥，虽然能取得较高的作物产量，但不能获得最佳的产投效益。2011 年濮阳市农用化肥施用量 25.89 万吨，其中，复合肥及配方肥施用量达到 11.38 万吨。

在小麦施肥方面，80% 的麦田秸秆还田，基肥每亩施入复合肥或配方肥 40～50 千克，在施入单质肥料时，一般是尿素 40～50 千克，过磷酸钙 50 千克，单独添加钾肥的不是太多。小麦追肥大多采用尿素于返青期配合浇水撒施，一般用量每亩 10～20 千克。目前，存在施肥结构并不合理，氮肥、磷肥投入偏高，而钾肥投入偏低的现象。在施肥方法上，不能做到深施覆土，造成氮肥资源及经济上的浪费。玉米施肥方面，濮阳市夏玉米多采用麦垄套种或麦后抢时直播的方法，没有基肥施入，全靠追肥为玉米的一生提供养分来保证玉米丰产丰收。追肥大多施用复合肥或尿素，施用量差别很大，少的 20 千克，多的达 50 千克。在施肥时期上，受劳动力限制，采用"一炮轰"施肥和分两次施肥的农户的各占到一半左右；施肥方法上，追施复合肥的，部分肥料经销商能提供机播耧构入，追施尿素的在苗期也有部分农民用耧构入，但是二次追肥基本上是撒施。

五、其他肥料施用现状

其他肥料主要是微量元素肥料，如硼、钼、锌、铁肥等，一般作为叶面肥使用。常用的叶面肥有磷酸二氢钾、稀土、氨基酸、腐殖酸等，主要用于小麦、玉米、花生、蔬菜、瓜果等作物叶面喷施，在小麦、花生、蔬菜等作物上，应用面积可达其播种面积的 60% 以上。

六、氮、磷、钾比例及利用率

根据 2005—2012 年农户施肥情况调查和各种肥料试验，在小麦上，氮、磷、钾施肥比例为 1∶（0.45～0.5）∶（0.15～0.26），其肥料利用率为氮 22% 左右、磷 15% 左右、钾 21% 左右；在玉米上，氮、磷、钾施肥比例为 1∶（0.06～0.5）∶（0.03～0.11），其肥料利用率为氮 24% 左右、磷 15% 左右、钾 26% 左右。

七、施肥实践中存在的主要问题

（一）有机肥用量偏少
农户在施肥方面重化肥施用，忽视有机肥的投入，人畜粪尿及秸秆沤制大量减少，有机肥和无机肥施用比例严重失调，造成土壤板结，通透性差，保水保肥能力下降。

（二）化肥施用量不合理
通过农户施肥情况调查分析，在小麦生产施肥上有 26% 的农户施肥超量，主要是氮素肥料超量，而钾肥施用量偏少。有 12% 的农户存在施肥不足现象，影响着小麦产量、质量

11

及经济效益的提高。玉米施肥方面，有50%的农户仅施用氮素肥料，且用量偏多。复合肥、专用配方肥的施用面积较少，磷、钾的施用量严重不足，难以适应玉米对磷、钾肥的需求，影响玉米植株生长，限制了玉米产量的进一步提高。

（三）注重大量元素氮磷钾施用，忽视中微量元素的施用

中微量元素在植物生长中具有不可替代的作用，而农民在施用肥料时，往往注重大量元素肥料的利用，忽视中微量元素的施用，有90%以上农户不施中微量元素，尤其是锌肥使用较少，影响小麦、玉米、水稻等作物的正常生长，引发农作物生长过程中发生许多生理性病害，进而影响农作物产量、品质的提高。

（四）化肥施用方法不当

1. 追肥撒施多，深施少

受劳动力制约和条件限制，各种肥料品种撒施现象严重。部分农民对肥料性能和使用方法了解甚少，致使很多肥料挥发和流失，增加了农业投入的成本。

2. 施用时期不合理

主要表现在不能按照农作物需肥规律施肥。比如玉米施肥一炮轰的施肥情况呈上升趋势。农民在施肥过程中对化肥使用时期掌握不准，往往造成农作物后期脱肥；水稻二次追肥施用偏晚，造成后期贪青晚熟、空秕率增高、病虫害加重等。

3. 各时期施用量不合理

表现在底肥磷钾肥使用少、氮肥使用多，追肥偏施氮肥且使用量较大等现象：小麦上主要存在春季追施氮肥过早、过量的现象，大多在返青期追肥浇水，多为尿素，使用量多者达到亩施25千克左右，容易引起小麦旺长，无效分蘖增加，苗势弱，通风透光条件差，病虫害加重和倒伏现象的发生，造成小麦减产，品质下降的不良后果。玉米施肥上还存在一炮轰、撒施现象，且用量过大，多者亩尿素用量50千克以上，集中、撒施易造成肥料流失，利用率低的现象，造成资源和经济浪费，难以发挥肥料在玉米生产中的增产作用。水稻上主要是氮肥使用量较大、二次肥料使用时间较晚并且使用量大，造成水稻后期贪青晚熟、病虫害加重，影响产量和品质。

第二章　土壤与耕地资源特征

第一节　地貌类型

一、地形

濮阳市地处黄河冲积平原的中部，地形平坦，变化较小，微地貌形态变化较大。地势西高东低，南高北低，自西南向东北倾斜。南北坡降 1/6 000 ~ 1/5 000，东西坡降 1/8 000 ~ 1/6 000，地面海拔高度一般在 41 ~ 57 米。最低点海拔 40 米，最高点 61 米，相对高差 21 米。

二、地貌

濮阳市地貌类型按成因分成 3 个区。

1. 北部黄河故道冲积平原区

本区南起金堤，北至南乐北部边境，东西跨濮阳、市区、清丰、南乐的东西边界，面积约占全市的一半。主要地貌类型有砂丘砂垄、古河漫滩、浅平洼地、缓斜平地四种。

（1）砂丘砂垄　分布在上述两条故道及其两侧。其中，漯川故道范围较大，南起市区王助乡，经胡村至清丰县王什、固城、韩村、古城、阳邵等乡至南乐近德固、元村、寺庄止于西邵。最宽处达 20 余千米，其间砂丘起伏，砂垄连绵，时断时续，相对高差 5 ~ 10 米不等。本区南部黄河故道两侧砂丘砂垄范围较小，且呈点片状，主要分布在柳屯、岳村境内，大部为波状起伏的浑圆形砂丘。

（2）古河漫滩　分布在古河床两侧与黄河故堤之间，由于年代久远和黄河多次改道、决口泛滥的影响较大，现已支离破碎，不如现代河漫滩完整。

（3）浅平洼地　是相邻两故道之间的平洼地形，如赵村坡、清丰仙庄、巩营的西部、南乐杨村和张果屯之间皆为浅平洼地。

（4）缓斜平地　除上述地貌类型外，均属缓斜平地。是黄河冲积平原主要地貌类型。是古黄河泛水流经之地。地形平缓、坡降较小，土质肥沃，是粮棉等农作物高产稳产基地。

2. 中部黄河泛滥平原区

南起临黄大堤，北至金堤之间，它是黄河冲破临黄堤之后，泛水流经处。其中黄河泛滥平原与黄河大堤的接合部位是沿大堤走向，宽度 1 ~ 5 千米不等的狭长平洼地形，叫"背河洼地"。它又为黄河决口形成的冲积锥隔断，被分成一个个槽形洼地。在冲积扇的扇缘部位，即金堤河沿岸，地势平坦低洼，自西南向东北倾斜。

3. 南部和东部现代黄河河床及河漫滩区

分布在黄河河床与黄河大堤之间，面积占全市的 1/10，自然坡降 1/8 000，由于河道弯曲，形成上宽下窄的狭长地带。自滩唇向大堤倾斜，滩唇高于大堤跟 2.5 ~ 3 米。河滩分嫩滩和老滩，嫩滩在生产堤与河槽之间，时常被泛水淹没，地势自生产堤向河心倾斜；老滩在生产堤与黄河大堤之间，地势自生产堤向大堤倾斜，至大堤处地势最低。只有大水时才被泛水淹没，其间分布着许多串沟，地势起伏不平。

第二节　土壤类型

一、土壤分类系统

濮阳市第二次土壤普查土壤分类系统采用土类、亚类、土属、土种四级制。前三种和全国全省保持一致，最后一种是按濮阳市土办室的标准拟分的（表2-1）。

表2-1　濮阳市土壤分类系统表

市土类名称	市亚类名称	市土属名称	市土种名称
潮土	潮土	砂质潮土	砂壤质潮土
			浅位薄黏层砂壤质潮土
			细砂质潮土
			浅位中黏层砂壤质潮土
			浅位厚黏层砂壤质潮土
			浅位中黏层砂壤质潮土
			深位中黏层砂壤质潮土
			深位中壤层砂壤质潮土
		壤质潮土	轻壤质潮土
			中壤质潮土
			浅位薄黏层中壤质潮土
			浅位中黏层中壤质潮土
			浅位厚黏层轻壤质潮土
			浅位厚黏层中壤质潮土
			浅位中砂层轻壤质潮土
			浅位中砂层中壤质潮土
			浅位厚砂层轻壤质潮土
			浅位厚砂层中壤质潮土
			深位中黏轻壤质潮土
			深位中黏中壤质潮土
			深位中砂轻壤质潮土
			深位中砂中壤质潮土
		黏质潮土	黏质潮土
			浅位厚壤层黏质潮土
			浅位中壤层黏质潮土
			深位中壤黏质潮土
			浅位中砂黏质潮土
			深位中砂黏质潮土

（续表）

市土类名称	市亚类名称	市土属名称	市土种名称
潮土	灌淤潮土	壤质灌淤潮土	浅位厚砂层壤质灌淤潮土
		黏质灌淤潮土	浅位薄砂层黏质灌淤潮土
			薄层黏质灌淤潮土
			厚层黏质灌淤潮土
			浅位厚壤层黏质灌淤潮土
	脱潮土	砂质脱潮土	砂壤质脱潮土
			浅位薄黏层砂壤质脱潮土
			浅位薄壤层砂壤质脱潮土
			浅位厚黏层砂壤质脱潮土
			浅位厚壤层砂壤质脱潮土
			深位中壤砂壤质脱潮土
			深位中黏砂壤质脱潮土
		壤质脱潮土	轻壤质脱潮土
			中壤质脱潮土
			浅位中黏层轻壤质脱潮土
			浅位厚黏层轻壤质脱潮土
			浅位中黏层中壤质脱潮土
			浅位厚黏层中壤质脱潮土
			深位中砂层轻壤质脱潮土
			深位中砂层中壤质脱潮土
			深位中黏层轻壤质脱潮土
			深位中黏层中壤质脱潮土
	盐化潮土	氯化物盐化潮土	氯化物轻盐砂壤土
	碱化潮土	氯化物碱化潮土	氯化物弱碱潮土
			氯化物中碱潮土
		硫酸盐碱化潮土	硫酸盐弱碱潮土
			硫酸盐中碱潮土
			硫酸盐强碱潮土
		苏打碱化潮土	苏打弱碱潮土
			苏打中碱潮土
	湿潮土	冲积湿潮土	壤质冲积湿潮土
			黏质冲积湿潮土
碱土	草甸碱化	氯化物草甸碱化	氯化物草甸碱土
风砂土	半固定风砂土	半固定砂丘风砂土	半固定砂丘细砂风砂土
	固定风砂土	固定砂丘风砂土	固定砂丘细砂风砂土

二、与省土种对接后的土壤类型

根据农业部和河南省土肥站的要求,将濮阳市土种与河南省土种进行对接,对接后共有53个土种,对接与土种合并情况见表2-2(附图3)。

表2-2 濮阳市土种名称对照表

土类	亚类	土属	土种代码	省土种名称与代号	各地市原土种名称
风砂土	草甸风砂土	草甸固定风砂土	G1531116	192、固定草甸风砂土	细砂固定风砂土
风砂土	草甸风砂土	草甸半固定风砂土	G1531216	193、半固定草甸风砂土	细砂半固定风砂土
潮土	典型潮土	石灰性潮砂土	H2111424	261、砂质潮土	细砂质潮土
潮土	典型潮土	石灰性潮砂土	H2111435	262、浅位壤砂质潮土	浅位中壤层砂质潮土
潮土	典型潮土	石灰性潮砂土	H2111427	267、砂壤土	砂壤质潮土
潮土	典型潮土	石灰性潮砂土	H2111440	269、底壤砂壤土	深位中壤层砂壤质潮土
潮土	典型潮土	石灰性潮砂土	H2111428	270、浅位黏砂壤土	浅位中黏层砂壤质潮土
潮土	典型潮土	石灰性潮砂土	H2111426	271、底黏砂壤土	深位中黏层砂壤潮土
潮土	典型潮土	石灰性潮壤土	H2111557	273、小两合土	轻壤质潮土
潮土	典型潮土	石灰性潮壤土	H2111542	274、浅位砂小两合土	浅位中砂层轻壤质潮土
潮土	典型潮土	石灰性潮壤土	H2111542	275、浅位厚砂小两合土	浅位厚砂层轻壤质潮土
潮土	典型潮土	石灰性潮壤土	H2111558	276、底砂小两合土	深位中砂层轻壤质潮土
潮土	典型潮土	石灰性潮壤土	H2111547	277、浅位黏小两合土	浅位中黏层轻壤质潮土
潮土	典型潮土	石灰性潮壤土	H2111547	278、浅位厚黏小两合土	浅位厚黏层轻壤质潮土
潮土	典型潮土	石灰性潮壤土	H2111545	279、底黏小两合土	深位厚黏层轻壤质潮土
潮土	典型潮土	石灰性潮壤土	H2111539	280、两合土	中壤质潮土
潮土	典型潮土	石灰性潮壤土	H2111541	281、浅位砂两合土	浅位中砂层中壤质潮土
潮土	典型潮土	石灰性潮壤土	H2111543	283、底砂两合土	深位中砂层中壤质潮土
潮土	典型潮土	石灰性潮壤土	H2111546	284、浅位黏两合土	浅位中黏层中壤质潮土
潮土	典型潮土	石灰性潮壤土	H2111559	285、浅位厚黏两合土	浅位厚黏层中壤质潮土
潮土	典型潮土	石灰性潮壤土	H2111544	286、底黏两合土	深位中黏层中壤质潮土
潮土	典型潮土	石灰性潮黏土	H2111621	287、淤土	黏质潮土
潮土	典型潮土	石灰性潮黏土	H2111622	289、浅位厚砂淤土	浅位厚砂层黏质潮土
潮土	典型潮土	石灰性潮黏土	H2111628	290、底砂淤土	深位中砂层黏质潮土
潮土	典型潮土	石灰性潮黏土	H2111629	291、浅位壤淤土	浅位中壤层黏质潮土
潮土	典型潮土	石灰性潮黏土	H2111625	293、底壤淤土	深位中壤层黏质潮土
潮土	灌淤潮土	淤潮黏土	H2171313	332、薄层黏质灌淤潮土	浅位厚砂层黏质灌淤潮土
潮土	灌淤潮土	淤潮黏土	H2171312	333、厚层黏质灌淤潮土	厚层黏质灌淤潮土
潮土	湿潮土	湿潮壤土	H2141214	336、壤质冲积湿潮土	壤质冲积湿潮土
潮土	湿潮土	湿潮黏土	H2141313	337、黏质冲积湿潮土	黏质深黑冲积湿潮土

（续表）

土类	亚类	土属	土种代码	省土种名称与代号	各地市原土种名称
潮土	脱潮土	脱潮砂土	H2131114	346、砂壤质砂质脱潮土	砂壤质砂质脱潮土
潮土	脱潮土	脱潮砂土	H2131116	347、浅位壤砂壤质砂质脱潮土	浅位薄壤层砂壤质脱潮土
潮土	脱潮土	脱潮砂土	H2131116	348、浅位厚壤砂壤质砂质脱潮土	浅位厚壤层砂壤质脱潮土
潮土	脱潮土	脱潮砂土	H2131117	350、浅位黏砂壤质砂质脱潮土	浅位薄黏层砂壤质脱潮土
潮土	脱潮土	脱潮砂土	H2131119	351、底黏砂壤质砂质脱潮土	深位中黏层砂质脱潮土
潮土	脱潮土	脱潮壤土	H2131223	352、脱潮小两合土	轻壤质脱潮土
潮土	脱潮土	脱潮壤土	H2131226	355、脱潮底砂小两合土	深位中砂层轻壤质脱潮土
潮土	脱潮土	脱潮壤土	H2131227	356、脱潮浅位黏小两合土	浅位中黏层轻壤质脱潮土
潮土	脱潮土	脱潮壤土	H2131228	357、脱潮浅位厚黏小两合土	浅位厚黏层轻壤质脱潮土
潮土	脱潮土	脱潮壤土	H2131219	358、脱潮底黏小两合土	深位中黏层轻壤脱潮土
潮土	脱潮土	脱潮壤土	H2131216	359、脱潮两合土	中壤质脱潮土
潮土	脱潮土	脱潮壤土	H2131217	362、脱潮底砂两合土	深位中砂层中壤质脱潮土
潮土	脱潮土	脱潮壤土	H2131231	363、脱潮浅位黏两合土	浅位中黏层中壤质脱潮土
潮土	脱潮土	脱潮壤土	H2131221	364、脱潮浅位厚黏两合土	浅位厚黏层中壤质脱潮土
潮土	脱潮土	脱潮壤土	H2131218	365、脱潮底黏两合土	深位中黏层中壤质脱潮土
潮土	盐化潮土	氯化物潮土	H2151122	370、氯化物轻盐化潮土	氯化物轻盐潮土
潮土	盐化潮土	氯化物潮土	H2151123	371、氯化物中盐化潮土	氯化物中盐化潮土
潮土	盐化潮土	硫酸盐潮土	H2151224	373、硫酸盐轻盐化潮土	硫酸盐轻盐化潮土
潮土	碱化潮土	碱潮壤土	H2161219	376、氯化物弱碱化潮土	同轻盐氯化物
潮土	碱化潮土	碱潮壤土	H2161214	377、氯化物碱化潮土	氯化物中碱化潮土
潮土	碱化潮土	碱潮壤土	H2161221	380、硫酸盐中碱化潮土	硫酸盐中碱化潮土
潮土	碱化潮土	碱潮壤土	H2161222	382、苏打弱碱化潮土	苏打弱碱化潮土
碱土	盐化碱土	氯化物盐化碱土	K2041111	386、氯化物草甸碱土	氯化物草甸碱土

三、土壤分布的规律性

濮阳市土壤分布的规律性受地方性因素的支配，其中，主要是中地貌和微地貌形态及地下水状况的支配。

（1）在黄河故道与多次决口所形成的砂丘砂垄带上，土壤已不受地下水的影响，分布着风砂土，其中丘间洼地分布着砂质潮土。

（2）金堤以北的黄河冲积平原地区，地势较高，地下水位较低，脱离黄河影响的时间较长。

（3）在金堤与黄河大堤之间的黄河泛滥平原区地势低平受黄河泛滥和侧渗的影响较大，地下水位浅，因此，多分布潮土、灌淤潮土、盐化潮土和碱化潮土。由于黄河近期决口的流向都是自南向北，受泛水沉积规律的影响，本区自南而北依次分布着砂质潮土、壤质潮土，至金堤河沿岸则大部分为黏质潮土。近期决口的泛道及两侧，地势较低，地下水位浅，矿化度大，分布着盐化潮土和碱化潮土。

（4）黄河大堤外侧的背河洼地，地下水位最浅，分布着盐化潮土、碱化潮土和灌淤土。

（5）现代黄河河漫滩分布着黄潮土，其中嫩滩多为砂土、老滩多为两合土，串沟和回水处多为淤土。

第三节　耕地土壤

一、土类的主要性状

濮阳市土类分为潮土、风砂土、碱土三种，其中，潮土土类占全市 99.57%，风砂土占 0.23%，碱土占 0.2%。

（一）潮土

潮土发育在黄河冲积物上，在各种自然和人为因素的作用下，发生、发展、演变过程中，又产生新的属性。其特征特性可概括如下。

（1）质地层次及其排列组合非常明显　有的通体比较均一，有的是砂土层、壤土层、黏土层相间排列。

（2）发生层次不明显，但也具有与成土过程相联系的土壤属性　如剖面不同深度都有蓝灰色或红棕色铁锈斑纹，有的亚类有石灰质假菌丝体，有些亚类有不同程度的积盐现象等。

（3）有机质和氮、磷含量较低，而钾、钙、镁等无机盐类含量丰富。

（4）富含碳酸钙、石灰反应强　土壤溶液呈碱性—强碱性反应。

（5）同一层次的土壤颜色、质地、结构基本一致，而不同质地层次差异较大。

（二）风砂土

风砂土属于初育土，剖面发育微弱或没有发育。共有两个亚类，一个半固定风砂土，一个固定风砂土。

半固定风砂土的形态特征是：地表有一层很薄的不连续的硬结皮，0～5厘米土壤颜色砂暗，剖面上部根系较多，剖面开始分化。10厘米以下水分渐多，为植物的生长提供了一定条件。耕作层为细砂，无结构，石灰反应中等。

固定风砂土亚类只有一个土属固定风砂土，一个土种细砂固定风砂土。

固定风砂土的形态特征是：由于砂丘坡度变缓，砂面变紧，植被覆盖度大，地表有较多的枯枝落叶，0～10厘米土层颜色较暗，腐殖质增多，部面分异明显。剖面上部植物根多，向下逐渐减少。10厘米以下水分较多，为植物生长提供了一定条件。耕作层为细砂，无结构，石灰反应小，无新生体。

（三）碱土

碱土处于平地高起的部位，地下水位 2.5～4 米，具有积盐与脱盐的地形部位和水文条件。

碱土是盐土和盐化潮土脱盐形成的，脱盐的结果，首先形成碱化潮土，钠离子继续在土壤胶体上聚积，以致代换性钠离子占土壤胶体代换性阳离子总量的 45% 以上时，碱化潮土就成了碱土，碱土理化性状比碱化潮土更恶劣。pH 值为 9～10，其特点是地表显硬结壳，其下有蜂窝状气孔及圆柱顶，有时是柱状结构、坚硬，碱化层 pH 值大于 9 时，碱化层下为积盐层。

二、土属的分布概况

濮阳市共有 14 个土属：石灰性潮砂土、石灰性潮壤土、石灰性潮黏土、壤质冲积湿潮土、黏质冲积湿潮土、碱潮壤土、氯化物潮土、硫酸盐潮土、氯化物盐化碱土、脱潮砂土、脱潮壤土、淤潮黏土、草甸固定风砂土和草甸半固定风砂土（表 2－3）。

表 2－3　各类土属面积统计表　　　　　　单位：公顷

土类	亚类	土属	面积	占总面积比例（%）	占总面积比例（%）
潮土 （252 912.84）	典型潮土	石灰性潮砂土	26 794.64	10.55	65.35
		石灰性潮壤土	99 506.46	39.18	
		石灰性潮黏土	39 685.77	15.62	
	湿潮土	壤质冲积湿潮土	1 007.79	0.40	0.88
		黏质冲积湿潮土	1 215.64	0.48	
	碱化潮土	碱潮壤土	14 291.60	5.63	5.63
	盐化潮土	氯化物潮土	5 850.58	2.30	2.41
		硫酸盐潮土	276.68	0.11	
	灌淤潮土	淤潮黏土	2 805.86	1.10	1.10
	脱潮土	脱潮壤土	51 667.08	20.34	24.20
		脱潮砂土	9 810.73	3.86	
碱土 （508.52）	盐化碱土	氯化物盐化碱土	508.52	0.20	0.20
风砂土 （576.89）	草甸风砂土	草甸半固定风砂土	411.12	0.16	0.23
		草甸固定风砂土	165.78	0.07	

（一）石灰性潮砂土

石灰性潮砂土面积 26 794.64 公顷，占总面积的 10.55%。主要分布在清丰县的古城乡、固城乡、韩村乡、阳邵乡等乡镇；濮阳县的八公桥镇、郎中乡、梁庄乡、徐镇镇、习城乡等乡镇；南乐县的寺庄乡、西邵乡、元村镇、张果屯乡；范县的高码头乡、辛庄乡、张庄乡等乡镇；台前县的清水河乡、吴坝乡、侯庙镇等乡镇。其成土母质是河流冲积物，多分布在河流泛道及其两侧的河漫滩上。这种土壤类型土质疏松，通透性好，宜耕性好，保水保肥能力差，质地结构为均质性砂壤土，质地结构无明显变化，仅有耕层、犁底层和心土层等简单的层次区分，无明显发生学变化。农业生产中的障碍因素主要是干旱、瘠薄和微风蚀现象，土壤有机质和各种矿质养分含量都较低。在砂质较重的砂质潮土上经大面积平整后，主要为防风固砂型的速生丰产林地，在平坦地带种植小麦和以花生为主的油料作物。小麦亩产 200～300 千克，花生亩产 150～200 千克。砂壤土为小麦—玉米（或小麦—花生）型种植结构，由于肥料投入充足和较好的灌溉条件，小麦亩产量在 300~350 千克，玉米亩产量在 400~450 千克，花生亩产量在 200~250 千克，有较好的农业产值。

（二）石灰性潮壤土

石灰性潮壤土又名两合土，是濮阳市主要土壤类型，面积 99 506.46 公顷，占总面积的 39.18%。主要分布在清丰县大流乡、高堡乡、巩营乡、马村乡、瓦屋头镇、阳邵乡等乡镇；濮阳县的海通乡、胡状乡、户部寨、梨园乡、鲁河乡、庆祖乡、王称固乡、文留乡等乡镇；南乐县的福堪乡、谷金楼乡、韩张镇、千口乡、杨村乡等乡镇；范县的陈庄乡、白衣阁乡、龙王庄乡、濮城镇、王楼乡等乡镇；台前县的打渔陈乡、侯庙镇、夹河乡、马楼乡、吴坝乡等乡镇。土壤质地为轻壤和中壤，质地构型以均质小两合土和均质两合土为主，有部分底黏两合土、浅位厚黏两合土和底黏小两合土，零星分布着浅位黏两合土、底砂两合土和浅位黏小两合土。农业生产障碍因素是干旱。土壤有机质和各种矿质养分含量较高，适宜多种作物生长，种植结构为小麦、玉米，是粮食作物高产区域。小麦亩产量在 400 千克以上，玉米亩产量在 500 千克以上，是濮阳市的粮食产业基地，农业产值较高。

（三）石灰性潮黏土

石灰性潮黏土面积 39 685.77 公顷，占总面积的 15.62%。主要分布在清丰县的巩营乡、马村乡、仙庄乡、阳邵乡；濮阳县的海通乡、胡状乡、郎中乡、鲁河乡、庆祖乡、五星乡、子岸乡等乡镇；南乐县的梁村乡、寺庄乡、杨村乡、元村镇、张果屯乡；范的白衣阁乡、龙王庄乡、陆集乡、颜村铺乡、杨集乡、张庄乡等乡镇；台前县的打渔陈乡、后方乡、马楼乡、城关镇、孙口乡等乡镇。这类土壤质地黏重，多为重壤土和轻黏土。宜耕性差，保水、保肥能力强。农业生产的主要障碍因素是干旱和适耕性差，土壤有机质含量和各种矿质养分含量都较高，雨季湿黏，难进地，旱季坚硬耕作难。作物苗期生长缓慢。中后期生长健壮。主要种植小麦、玉米，小麦亩产量 400 千克以上，玉米亩产量 500 千克以上，属粮食作物高产土壤类型。

（四）壤质冲积湿潮土

壤质冲积湿潮土面积 1 007.79 公顷，占总面积的 0.40%。主要分布在范县的陈庄乡、龙王庄乡、陆集乡、杨集乡；台前县的孙口乡。

（五）黏质冲积湿潮土

黏质冲积湿潮土面积 1 215.64 公顷，占总面积的 0.48%。主要分布在范县的陈庄乡、陆集乡、辛庄乡、杨集乡；台前县的马楼和孙口乡。

（六）碱潮壤土

碱潮壤土面积 14 291.60 公顷，占总面积的 5.63%，主要分布在清丰县的阳邵乡；濮阳县的八公桥镇、梁村乡、庆祖镇、五星乡、徐镇镇、子岸乡等乡镇；范县的陈庄乡、城关镇、龙王庄乡、辛庄乡、杨集乡、张庄乡；台前的孙口乡、清水河乡、马楼乡、夹河乡、后方乡、打渔陈乡、侯庙镇。

（七）氯化物潮土

氯化物潮土面积 5 850.48 公顷，占总面积的 2.30%。主要分布在濮阳县的白罡乡、胡状乡、梨园乡、梁庄乡、子岸乡、徐镇镇、八公桥乡、王称固乡、郎中乡、文留乡、庆祖镇；范县的陆集乡、张庄乡。

（八）硫酸盐潮土

硫酸盐潮土面积 276.68 公顷，占总面积的 0.11%。主要分布在濮阳县的胡状乡和梁庄乡。

（九）氯化物盐化碱土

氯化物盐化碱土面积 508.52 公顷，占总面积的 0.20%。主要分布在濮阳县的王称固乡和范县的辛庄乡。

（十）脱潮壤土

脱潮壤土是濮阳市的第二大主要土壤类型，面积 51 667.08 公顷，占总面积的 20.34%。主要分布在南乐县的近德固乡、寺庄乡、西邵乡、张果屯乡等乡镇；濮阳县的城关镇、柳屯乡、清河头乡、户部寨乡；清丰县的大屯乡、固城乡、柳格乡、六塔乡、双庙乡、瓦屋头镇、仙庄乡、纸房乡等乡镇。土壤质地以轻壤为主，有部分中壤质土壤，质地构型以均质的脱潮小两合土为主，和少量的底黏、浅位黏脱潮小两合土分布。农业生产中的主要障碍因素是干旱。这类土壤，质地适宜，土壤有机质含量和各种矿质养分含量相对较高，保水保肥能力好，通透性和宜耕性都较好，有很好的灌溉保证条件和很高的管理技术水平，合适的肥料投入。这类土壤适宜各种农作物种植，是濮阳市以小麦、玉米种植为主的主要高产、稳产粮食生产基地，小麦亩产量在 400 千克以上，玉米亩产量超过 500 千克，农村经济和农业产值都较高。

（十一）脱潮砂土

脱潮砂土面积 9 810.73 公顷，占总面积的 3.86%。主要分布在清丰县的大屯乡、古城乡、韩村乡、阳邵乡等乡镇；濮阳县的城关镇、户部寨乡、柳屯镇、清河头乡等乡镇；南乐县的近德固乡、西邵乡、元村镇；范县的辛庄乡、濮城镇、杨集乡等乡镇。质地构型有均质砂壤土、底壤砂壤土。农业生产中的主要障碍因素以干旱为主，这类土壤宜耕性好，土壤疏松，通透性好，保水保肥能力不好。土壤有机质含量和各种矿质养分含量也较低，特别适宜花生种植。种植结构为小麦、花生。有良好的灌溉条件，肥料投入充足，小麦亩产量在 400 千克左右，花生亩产量在 250~300 千克，是濮阳以花生为主的油料作物生产区域。

（十二）淤潮黏土

淤潮黏土面积 2 805.86 公顷，占总面积的 1.10%，主要分布在濮阳县的海通乡、郎中乡、渠村乡、习城乡；范县的濮城镇、辛庄乡、杨集乡。

（十三）风砂土

风砂土包括草甸固定风砂土和草甸半固定风砂土两个土属。面积为 576.89 公顷，占耕地总面积的 0.23%。主要分布在南乐县寺庄乡、西邵乡、张果屯乡；濮阳县城关镇、柳屯镇、清河头乡，清丰县古城乡、阳邵乡。土壤质地为紧砂土，质地构型为均质砂。其成土母质是河流冲积物，多分布在河流泛道及其两侧的河漫滩上。这种土壤类型土质疏松，通透性好，宜耕性好，保水保肥能力差，有机质和各种矿质养分含量都较低，农业生产中的障碍因素主要是干旱、瘠薄和微风蚀现象。以种植防风固砂型的速生丰产林地为主，在平坦地带种植小麦和以花生为主的油料作物。小麦亩产 200~300 千克，花生亩产 150~200 千克。

三、不同土种乡镇分布情况

根据土体构型划分土种，全市共有土种 53 个，不同土种在各县的分布情况详见表 2-4（根据首个拼音字母排序）。

表 2 - 4　土种面积统计表　　　　　　　　　　　单位：公顷

土种名称	分布情况		面积
半固定草甸风砂土 （411.12）	南乐县	寺庄乡	15.39
		西邵乡	1.00
		张果屯乡	7.53
	濮阳县	城关镇	8.19
		柳屯镇	200.73
		清河头乡	58.85
	清丰县	古城乡	49.23
		阳邵乡	70.20
薄层黏质灌淤潮土 （1 125.97）	范县	濮城镇	7.36
		辛庄乡	463.43
		杨集乡	16.83
	濮阳县	海通乡	49.88
		郎中乡	355.49
		渠村乡	5.93
		习城乡	227.05
底壤砂壤土 （721.58）	濮阳县	八公桥镇	489.80
		胡状乡	41.30
		梁庄乡	53.79
		文留镇	121.74
		徐镇镇	14.94
	南乐县	梁村乡	173.26
底壤淤土 （1 985.39）	濮阳县	城关镇	9.26
		海通乡	680.50
		胡状乡	55.44
		清河头乡	8.40
		渠村乡	29.65
		五星乡	574.42
		习城乡	132.06
	清丰县	阳邵乡	141.66
	台前县	城关镇	35.64
		马楼乡	65.28
		清水河乡	1.81
		吴坝乡	78.01

土种名称	分布情况		面积
底砂两合土 （2 328.50）	范县	濮城镇	22.55
	南乐县	寺庄乡	32.08
	濮阳县	城关镇	62.42
		胡状乡	245.97
		户部寨乡	480.07
		郎中乡	267.74
		柳屯镇	11.10
		鲁河乡	408.27
		文留镇	96.47
		五星乡	6.89
		习城乡	47.51
		徐镇镇	28.28
		子岸乡	312.13
	台前县	打渔陈乡	307.03
底砂小两合土 （1 154.78）	濮阳县	八公桥镇	297.08
		白罡乡	48.89
		胡状乡	0.80
		户部寨乡	275.26
		梁庄乡	2.79
		王称固乡	174.34
		文留镇	280.32
		徐镇镇	75.30
底砂淤土 （5 797.53）	范县	白衣阁乡	276.08
		高码头乡	105.06
		龙王庄乡	563.19
		王楼乡	220.14
		颜村铺乡	1 090.04
		杨集乡	96.83
		张庄乡	273.10
	南乐县	元村镇	22.06
	濮阳县	白罡乡	168.79
		城关镇	176.20

（续表）

土种名称	分布情况		面积
底砂淤土 （5 797.53）	濮阳县	海通乡	41.52
		户部寨乡	16.39
		梨园乡	354.78
		鲁河乡	278.74
		庆祖镇	2.73
		王称固乡	37.00
		文留镇	156.41
		五星乡	741.45
		习城乡	55.64
		子岸乡	421.57
	台前县	城关镇	15.33
		打渔陈乡	617.25
		后方乡	1.28
		马楼乡	3.39
		孙口乡	62.56
底黏两合土 （6 848.82）	范县	白衣阁乡	43.81
		高码头乡	470.24
		龙王庄乡	309.09
		陆集乡	2.95
		王楼乡	93.00
		颜村铺乡	9.55
		杨集乡	116.91
		张庄乡	3.79
	南乐县	福堪乡	39.30
		韩张镇	148.28
		梁村乡	85.18
		千口乡	703.81
		杨村乡	657.99
		张果屯乡	668.08
	濮阳县	八公桥镇	14.55
		城关镇	1.76
		海通乡	876.63

（续表）

土种名称	分布情况		面积
底黏两合土 （6 848.82）	濮阳县	胡状乡	65.81
		户部寨乡	135.88
		郎中乡	13.44
		柳屯镇	196.57
		鲁河乡	244.84
		庆祖镇	674.85
		王称固乡	86.27
		五星乡	15.62
	清丰县	大流乡	400.10
		高堡乡	409.28
		古城乡	6.42
	台前县	侯庙镇	243.84
		后方乡	48.24
		马楼乡	53.54
		清水河乡	3.53
		孙口乡	5.66
底黏砂壤土 （550.02）	濮阳县	白罡乡	65.34
		梁庄乡	47.44
		渠村乡	55.14
		文留镇	0.46
		习城乡	21.84
		徐镇镇	34.29
	台前县	侯庙镇	86.30
		后方乡	121.08
		清水河乡	118.13
底黏砂壤质砂质脱潮土 （2 142.63）	濮阳县	户部寨乡	37.05
		柳屯镇	1 762.60

（续表）

土种名称	分布情况		面积
底黏砂壤质砂质脱潮土 （2 142.63）	清丰县	大流乡	211.48
		古城乡	79.94
		韩村乡	46.52
		六塔乡	1.08
		双庙乡	3.95
底黏小两合土 （3 689.30）	范县	陈庄乡	32.96
		高码头乡	13.82
		龙王庄乡	143.00
		杨集乡	53.62
		张庄乡	60.81
	南乐县	城关镇	20.93
		谷金楼乡	93.31
		韩张镇	490.77
		梁村乡	46.89
		杨村乡	284.56
		元村镇	235.26
		张果屯乡	402.20
	濮阳县	八公桥镇	169.32
		海通乡	214.79
		郎中乡	37.93
		梁庄乡	2.15
		柳屯镇	133.11
		庆祖镇	128.29
		渠村乡	410.69
		王称固乡	197.63
	清丰县	巩营乡	14.72
		马村乡	4.69
		瓦屋头镇	214.39
		阳邵乡	244.91

（续表）

土种名称	分布情况		面积
底黏小两合土（3 689.30）	台前县	孙口乡	38.54
固定草甸风砂土（165.78）	南乐县	近德固乡	14.34
		西邵乡	107.09
		元村镇	38.15
	清丰县	大流乡	6.19
厚层黏质灌淤潮土（1 679.89）	范县	濮城镇	257.79
		辛庄乡	565.01
		杨集乡	162.70
	濮阳县	海通乡	15.82
		渠村乡	678.57
两合土（19 370.47）	范县	白衣阁乡	1 190.92
		陈庄乡	152.45
		城关镇	270.44
		高码头乡	22.98
		龙王庄乡	970.05
		陆集乡	424.14
		濮城镇	513.28
		王楼乡	1 431.33
		辛庄乡	361.99
		颜村铺乡	312.39
		杨集乡	649.56
		张庄乡	93.79
	南乐县	福堪乡	1 552.80
		韩张镇	405.57
		近德固乡	19.20
		梁村乡	600.63
		千口乡	1 860.92
		杨村乡	191.99
		张果屯乡	217.15
	濮阳县	八公桥镇	56.51
		海通乡	1 615.93
		胡状乡	10.83
		户部寨乡	37.55

（续表）

土种名称	分布情况		面积
两合土 （19 370.47）	濮阳县	郎中乡	9.77
		庆祖镇	1 192.08
		渠村乡	492.53
		子岸乡	86.59
	清丰县	城关镇	163.33
		大流乡	609.49
		高堡乡	1 584.72
		巩营乡	336.41
		古城乡	58.76
		马村乡	577.80
		仙庄乡	132.68
		纸房乡	5.25
	台前县	打渔陈乡	75.61
		侯庙镇	9.14
		后方乡	53.19
		夹河乡	134.50
		马楼乡	398.45
		孙口乡	79.05
		吴坝乡	408.70
硫酸盐轻盐化潮土 （276.68）	濮阳县	胡状乡	6.13
		梁庄乡	270.55
硫酸盐中碱化潮土 （7 380.64）	范县	陈庄乡	23.18
		城关镇	4.47
		龙王庄乡	1.53
		辛庄乡	87.60
		杨集乡	277.54
	濮阳县	八公桥镇	179.15
		白罡乡	68.68
		海通乡	118.31
		胡状乡	282.39
		郎中乡	282.40
		梨园乡	667.37

（续表）

土种名称	分布情况		面积
硫酸盐中碱化潮土 （7 380.64）	濮阳县	庆祖镇	997.31
		渠村乡	1 031.38
		王称固乡	146.62
		文留镇	67.95
		五星乡	1 299.54
		习城乡	19.12
		徐镇镇	494.92
		子岸乡	1 284.42
	台前县	打渔陈乡	5.43
		后方乡	34.14
		马楼乡	7.19
氯化物草甸碱土 （508.52）	范县	辛庄乡	19.52
	濮阳县	王称固乡	489.01
氯化物碱化潮土（44.67）	台前县	孙口乡	44.67
氯化物轻盐化潮土 （3 914.04）	濮阳县	八公桥镇	9.19
		白罡乡	204.26
		郎中乡	344.39
		梨园乡	795.33
		梁庄乡	788.81
		庆祖镇	4.28
		王称固乡	386.14
		徐镇镇	411.72
		子岸乡	13.09
	台前县	后方乡	187.23
		孙口乡	48.53
氯化物弱碱化潮土 （6 582.90）	范县	辛庄乡	53.14
		张庄乡	41.41
	濮阳县	八公桥镇	2 377.15
		白罡乡	165.13
		城关镇	6.05
		胡状乡	235.57
		郎中乡	509.47
		梨园乡	3.19

（续表）

土种名称	分布情况		面积
氯化物弱碱化潮土 （6 582.90）	濮阳县	梁庄乡	490.27
		庆祖镇	108.34
		五星乡	250.91
		习城乡	611.08
		徐镇镇	1 275.37
		子岸乡	258.12
	台前县	侯庙镇	111.96
		后方乡	49.95
		夹河乡	30.54
		清水河乡	5.26
氯化物中盐化潮土 （1 936.54）	范县	陆集乡	16.85
		张庄乡	24.10
	濮阳县	白罡乡	1 791.61
		梨园乡	17.00
		王称固乡	78.27
		文留镇	8.71
浅位厚壤砂壤质 砂质脱潮土 （523.50）	南乐县	近德固乡	238.57
		元村镇	7.76
	清丰县	大流乡	4.84
		阳邵乡	272.33
浅位厚砂小两合土 （12 659.47）	范县	濮城镇	26.60
		辛庄乡	89.44
	濮阳县	八公桥镇	776.85
		白罡乡	25.75
		城关镇	187.75
		海通乡	24.52
		胡状乡	455.32
		户部寨乡	1 323.94
		郎中乡	773.77
		梨园乡	282.85
		梁庄乡	155.00
		鲁河乡	843.73

（续表）

土种名称	分布情况		面积
浅位厚砂小两合土（12 659.47）	濮阳县	清河头乡	244.57
		庆祖镇	870.09
		王称固乡	1 432.00
		文留镇	3 245.80
		五星乡	30.68
		习城乡	763.38
		徐镇镇	277.06
		子岸乡	352.21
	台前县	打渔陈乡	113.24
		夹河乡	364.95
浅位厚砂淤土（3 976.33）	范县	白衣阁乡	233.31
		高码头乡	9.83
		龙王庄乡	98.28
		陆集乡	217.16
		王楼乡	192.44
		杨集乡	41.07
		张庄乡	3.82
	南乐县	元村镇	68.68
	濮阳县	白罡乡	208.11
		海通乡	98.66
		胡状乡	514.09
		户部寨乡	22.76
		郎中乡	591.65
		梨园乡	10.81
		梁庄乡	21.11
		柳屯镇	23.06
		鲁河乡	92.94
		庆祖镇	1.76
		渠村乡	97.89
		王称固乡	20.90
		五星乡	184.78
		习城乡	730.58
		徐镇镇	45.67

（续表）

土种名称	分布情况		面积
浅位厚砂淤土 （3 976.33）	台前县	打渔陈乡	125.12
		侯庙镇	15.05
		马楼乡	38.41
		清水河乡	268.39
浅位厚黏两合土 （5 900.10）	南乐县	福堪乡	508.35
		韩张镇	26.35
		梁村乡	15.25
		千口乡	836.56
		杨村乡	519.91
		张果屯乡	412.32
	清丰县	高堡乡	192.37
		巩营乡	1 010.57
		六塔乡	8.40
		马村乡	780.42
		瓦屋头镇	85.53
		仙庄乡	197.19
		阳邵乡	591.75
		纸房乡	3.38
	台前县	城关镇	67.56
		侯庙镇	26.70
		后方乡	341.01
		马楼乡	5.08
		孙口乡	103.56
		吴坝乡	167.83
浅位厚黏小两合土 （1 100.14）	范县	陈庄乡	10.38
	南乐县	千口乡	0.49
		张果屯乡	7.88
	濮阳县	胡状乡	15.72
		户部寨乡	28.37
		梨园乡	40.17
		渠村乡	84.90
		五星乡	115.68
		徐镇镇	143.21
	清丰县	巩营乡	370.03
		阳邵乡	207.59
	台前县	侯庙镇	75.71
浅位壤砂壤质砂质脱潮土 （4.78）	清丰县	固城乡	4.78

（续表）

土种名称	分布情况		面积
浅位壤砂质潮土（56.67）	清丰县	阳邵乡	55.15
	台前县	马楼乡	1.53
浅位壤淤土（8 027.30）	范县	白衣阁乡	417.40
		陈庄乡	83.21
		龙王庄乡	280.09
		陆集乡	670.26
		濮城镇	64.42
		王楼乡	115.78
		辛庄乡	123.48
		颜村铺乡	765.66
		杨集乡	587.35
		张庄乡	647.46
	南乐县	梁村乡	102.60
		寺庄乡	291.58
	濮阳县	白罡乡	58.53
		海通乡	177.38
		胡状乡	35.27
		户部寨乡	4.43
		郎中乡	28.50
		庆祖镇	515.23
		渠村乡	102.56
		王称固乡	296.58
		五星乡	361.55
		子岸乡	1 144.61
	清丰县	阳邵乡	6.55
	台前县	打渔陈乡	29.41
		侯庙镇	32.59
		后方乡	2.45
		马楼乡	978.77
		清水河乡	103.60
浅位砂两合土（9 103.81）	范县	濮城镇	677.76
		王楼乡	34.58
		辛庄乡	3.93

（续表）

土种名称	分布情况		面积
浅位砂两合土 （9 103.81）	濮阳县	八公桥镇	56.84
		白罡乡	4.86
		城关镇	63.08
		海通乡	153.28
		胡状乡	1 385.42
		户部寨乡	1 863.04
		梨园乡	1 665.74
		梁庄乡	7.61
		柳屯镇	171.77
		鲁河乡	1 087.46
		王称固乡	5.31
		文留镇	699.16
		习城乡	92.83
		徐镇镇	231.02
		子岸乡	37.78
	台前县	打渔陈乡	600.83
		侯庙镇	124.77
		夹河乡	28.10
		清水河乡	76.40
		孙口乡	32.24
浅位砂小两合土 （748.86）	濮阳县	八公桥镇	141.73
		胡状乡	196.23
		庆祖镇	284.77
		王称固乡	112.76
		五星乡	13.36
浅位黏两合土 （1 385.39）	范县	王楼乡	200.48
		杨集乡	24.04
	南乐县	福堪乡	134.22
		韩张镇	1.81
		千口乡	334.51
	清丰县	大流乡	328.02
		高堡乡	333.90
	台前县	后方乡	28.41

土种名称	分布情况		面积
浅位黏砂壤土 （759.71）	范县	陆集乡	67.06
	濮阳县	海通乡	245.06
		郎中乡	3.30
		梁庄乡	19.74
		渠村乡	44.12
		习城乡	0.63
	台前县	侯庙镇	12.70
		马楼乡	338.49
		清水河乡	17.11
		孙口乡	11.51
浅位黏砂壤质砂质脱潮土 （15.86）	清丰县	固城乡	15.86
浅位黏小两合土 （348.95）	南乐县	梁村乡	10.70
		元村镇	234.75
	台前县	城关镇	15.46
		侯庙镇	10.95
		马楼乡	21.15
		清水河乡	55.94
壤质冲积湿潮土 （1 007.79）	范县	陈庄乡	557.96
		龙王庄乡	13.61
		陆集乡	79.52
		杨集乡	354.57
	台前县	孙口乡	2.14
砂壤土 （18 877.23）	范县	白衣阁乡	2.76
		陈庄乡	288.65
		高码头乡	1 177.67
		龙王庄乡	81.84
		陆集乡	275.33
		辛庄乡	612.83
		张庄乡	702.31
	南乐县	寺庄乡	393.72
		元村镇	230.32
		张果屯乡	140.05

（续表）

土种名称	分布情况		面积
砂壤土 （18 877.23）	濮阳县	八公桥镇	1 045.65
		白罡乡	524.58
		海通乡	2.97
		胡状乡	342.11
		户部寨乡	41.34
		郎中乡	1 795.37
		梨园乡	142.82
		梁庄乡	2 089.14
		渠村乡	1 072.47
		王称固乡	789.94
		文留镇	952.17
		习城乡	1 546.35
		徐镇镇	1 414.71
	清丰县	高堡乡	187.33
		巩营乡	30.64
		固城乡	384.86
		韩村乡	80.12
		六塔乡	180.14
		马村乡	44.96
		阳邵乡	329.08
		纸房乡	289.78
	台前县	打渔陈乡	195.44
		侯庙镇	206.48
		后方乡	1.30
		夹河乡	87.73
		马楼乡	266.19
		清水河乡	406.85
		孙口乡	67.18
		吴坝乡	454.05
砂壤质砂质脱潮土 （7 123.96）	南乐县	近德固乡	78.46
		西邵乡	261.48
		元村镇	2.51

（续表）

土种名称	分布情况		面积
砂壤质砂质脱潮土 （7 123.96）	濮阳县	城关镇	245.07
		柳屯镇	371.33
		清河头乡	682.33
	清丰县	大流乡	526.07
		大屯乡	1 066.14
		古城乡	1 358.49
		固城乡	530.66
		韩村乡	858.83
		柳格乡	22.97
		马庄桥镇	191.96
		阳邵乡	927.65
砂质潮土 （5 829.43）	范县	高码头乡	127.02
		龙王庄乡	0.00
		陆集乡	146.50
		辛庄乡	122.85
	南乐县	寺庄乡	111.04
		西邵乡	227.12
		元村镇	25.26
	濮阳县	八公桥镇	0.47
		白罡乡	27.34
		城关镇	27.67
		郎中乡	271.80
		梨园乡	63.73
		梁庄乡	787.69
		渠村乡	182.51
		王称固乡	165.78
		习城乡	30.13
		徐镇镇	222.00
	清丰县	大流乡	145.38
		大屯乡	349.10
		古城乡	551.11
		固城乡	206.84
		韩村乡	618.00

（续表）

土种名称	分布情况		面积
砂质潮土 （5 829.43）	清丰县	柳格乡	0.77
		双庙乡	181.80
		阳邵乡	561.50
		纸房乡	135.95
	台前县	侯庙镇	13.09
		马楼乡	104.11
		清水河乡	422.86
苏打弱碱化潮土 （283.39）	濮阳县	白罡乡	4.01
		梨园乡	49.36
		清河头乡	70.26
		庆祖镇	4.73
		王称固乡	97.70
		子岸乡	43.34
	清丰县	阳邵乡	13.99
脱潮底砂两合土 （569.32）	濮阳县	城关镇	105.88
		户部寨乡	29.48
		柳屯镇	370.36
		清河头乡	63.60
脱潮底砂小两合土 （377.10）	濮阳县	城关镇	239.62
		清河头乡	22.20
	清丰县	瓦屋头镇	97.23
		仙庄乡	18.05
脱潮底黏两合土 （548.59）	清丰县	城关镇	74.33
		大屯乡	193.59
		古城乡	56.42
		六塔乡	224.25
脱潮底黏小两合土 （1 421.48）	南乐县	韩张镇	7.82
		近德固乡	15.46
		寺庄乡	416.78
		西邵乡	39.21
		元村镇	167.44
		张果屯乡	165.95

（续表）

土种名称	分布情况		面积
脱潮底黏小两合土 （1 421.48）	濮阳县	城关镇	136.96
		柳屯镇	99.16
		清河头乡	146.60
	清丰县	固城乡	105.39
		柳格乡	67.04
		六塔乡	11.49
		仙庄乡	29.85
		阳邵乡	12.33
脱潮两合土 （5 307.97）	南乐县	谷金楼乡	3.16
		梁村乡	192.01
		寺庄乡	363.67
		西邵乡	3.60
	濮阳县	城关镇	46.55
		柳屯镇	316.00
		清河头乡	167.39
	清丰县	大流乡	447.14
		六塔乡	1 962.26
		马村乡	28.19
		瓦屋头镇	380.58
		仙庄乡	1 038.65
		纸房乡	358.78
脱潮浅位厚黏两合土 （6 996.67）	南乐县	西邵乡	104.32
		张果屯乡	21.69
	濮阳县	城关镇	853.39
		户部寨乡	100.12
		柳屯镇	542.17
		清河头乡	693.06
		文留镇	1.39
	清丰县	城关镇	107.18
		大屯乡	66.53
		高堡乡	3.36
		巩营乡	317.73

（续表）

土种名称	分布情况		面积
脱潮浅位厚黏两合土 （6 996.67）	清丰县	古城乡	232.70
		柳格乡	33.84
		六塔乡	360.89
		马村乡	681.59
		双庙乡	19.06
		瓦屋头镇	239.73
		仙庄乡	1 263.66
		纸房乡	1 354.24
脱潮浅位厚黏小两合土 （185.06）	清丰县	双庙乡	185.06
脱潮浅位黏两合土（91.16）	清丰县	古城乡	91.16
脱潮浅位黏小两合土 （58.39）	南乐县	元村镇	42.05
	清丰县	马庄桥镇	2.63
		阳邵乡	13.72
脱潮小两合土 （36 111.34）	南乐县	谷金楼乡	515.35
		韩张镇	172.50
		近德固乡	2 370.88
		梁村乡	434.51
		千口乡	8.04
		寺庄乡	1 488.05
		西邵乡	2 100.72
		元村镇	2 732.73
		张果屯乡	1 090.59
	濮阳县	城关镇	443.56
		柳屯镇	994.26
		清河头乡	781.64
	清丰县	城关镇	1 403.98
		大流乡	488.08
		大屯乡	1 783.62
		巩营乡	1 234.57
		古城乡	889.38
		固城乡	2 070.50
		韩村乡	1 810.57

土种名称	分布情况		面积
脱潮小两合土 （36 111.34）	清丰县	柳格乡	2 774.98
		六塔乡	622.85
		马村乡	84.65
		马庄桥镇	867.52
		双庙乡	2 422.78
		瓦屋头镇	1 291.97
		仙庄乡	2 666.99
		阳邵乡	626.36
		纸房乡	1 939.71
小两合土 （34 867.87）	范县	白衣阁乡	174.09
		陈庄乡	2 147.29
		高码头乡	874.60
		龙王庄乡	514.52
		陆集乡	644.88
		濮城镇	218.81
		王楼乡	6.78
		辛庄乡	926.71
		杨集乡	248.56
		张庄乡	285.67
	南乐县	城关镇	1 472.48
		福堪乡	2 238.24
		谷金楼乡	2 690.03
		韩张镇	1 638.18
		近德固乡	878.05
		梁村乡	398.29
		千口乡	481.25
		寺庄乡	122.46
		西邵乡	19.71
		杨村乡	2 210.42
		元村镇	70.67
		张果屯乡	50.66
	濮阳县	八公桥镇	321.10
		白罡乡	392.70

（续表）

土种名称	分布情况		面积
小两合土 （34 867.87）	濮阳县	海通乡	119.58
		胡状乡	43.46
		户部寨乡	21.70
		郎中乡	153.31
		梨园乡	230.09
		柳屯镇	3.19
		鲁河乡	97.43
		庆祖镇	58.19
		渠村乡	60.76
		王称固乡	551.66
		文留镇	186.24
		徐镇镇	15.68
	清丰县	大流乡	507.48
		高堡乡	1 296.89
		巩营乡	301.24
		古城乡	148.62
		柳格乡	339.22
		六塔乡	266.82
		马村乡	1 270.15
		双庙乡	777.15
		瓦屋头镇	1 788.71
		阳邵乡	42.02
		纸房乡	460.62
	台前县	打渔陈乡	930.83
		侯庙镇	2 401.01
		后方乡	65.66
		夹河乡	1 207.31
		马楼乡	772.22
		清水河乡	700.26
		吴坝乡	1 024.19

（续表）

土种名称	分布情况		面积
淤土 （19 899.22）	范县	白衣阁乡	862.52
		陈庄乡	99.80
		城关镇	151.11
		高码头乡	141.43
		龙王庄乡	1 120.64
		陆集乡	199.79
		濮城镇	84.86
		王楼乡	128.04
		辛庄乡	548.00
		颜村铺乡	918.05
		杨集乡	854.14
		张庄乡	113.47
	南乐县	梁村乡	559.54
		寺庄乡	0.96
		杨村乡	396.27
		张果屯乡	58.26
	濮阳县	城关镇	231.20
		海通乡	89.38
		胡状乡	736.94
		户部寨乡	155.39
		郎中乡	417.10
		梨园乡	7.34
		柳屯镇	347.92
		鲁河乡	1 999.84
		清河头乡	628.24
		庆祖镇	547.83
		渠村乡	248.35
		王称固乡	213.73
		文留镇	71.83
		五星乡	466.35
		习城乡	4.59
		子岸乡	1 664.00

（续表）

土种名称	分布情况		面积
淤土 （19 899. 22）	清丰县	巩营乡	297. 45
		马村乡	961. 69
		仙庄乡	124. 74
		阳邵乡	26. 77
	台前县	城关镇	887. 53
		打渔陈乡	597. 46
		后方乡	1 272. 52
		夹河乡	255. 20
		马楼乡	367. 15
		清水河乡	1. 98
		孙口乡	932. 86
		吴坝乡	106. 93
黏质冲积湿潮土 （1 215. 64）	范县	陈庄乡	52. 83
		陆集乡	83. 41
		辛庄乡	552. 97
		杨集乡	501. 98
	台前县	马楼乡	16. 26
		孙口乡	8. 19

四、土壤质地

濮阳市共有紧砂土、轻黏土、轻壤土、砂壤土、松砂土、中黏土、中壤土、重黏土、重壤土9种土壤质地，其中轻壤土在全市面积最大，占耕地面积的39%，其次是中壤土和砂壤土，分别占耕地面积的27%和14%（表2-5、附图4）。

（1）紧砂土 耕地面积6 342.03公顷，占全市耕地面积的2%，主要分布在濮阳县的郎中乡、梁庄乡、柳屯镇、渠村乡、王称固乡、徐镇镇等乡镇；清丰县的大屯、古城乡、固城乡、韩村乡、双庙乡、阳邵乡、纸房乡等乡镇；南乐县的近德固乡、寺庄乡、西邵乡、元村镇；范县的高码头乡、陆集乡、辛庄乡；台前县侯庙镇、马楼乡、清水河乡。

（2）轻黏土 耕地面积24 400.61公顷，占全市耕地面积的10%，主要分布在濮阳县的海通乡、胡状乡、郎中乡、鲁河乡、五星乡、子岸乡等乡镇；清丰县的巩营乡、马村乡；南乐县的梁村乡、寺庄乡、杨村乡、元村镇、张果屯乡；范县的白衣阁乡、龙王庄乡、陆集乡、颜村铺乡、张庄乡等乡镇；台前县的打渔陈乡、马楼乡等乡镇。

（3）轻壤土 耕地面积97 966.26公顷，占全市耕地面积的39%，主要分布在濮阳县的八公桥镇、户部寨乡、郎中乡、庆祖镇、王称固乡、文留镇、徐镇镇等乡镇；清丰县的固城乡、柳格乡、双庙乡、瓦屋头镇、纸房乡等乡镇；南乐县的福堪乡、谷金楼乡、韩张镇、近德固乡、寺庄乡、西邵乡、杨村乡、元村镇等乡镇；范县的高码头乡、龙王庄乡、陆集乡、辛庄乡等乡镇；台前县打渔陈乡、侯庙镇、夹河乡、吴坝乡等乡镇。

表 2－5　濮阳市土壤质地分布表　　　　　　　　单位：公顷

紧砂土 （6 342.03）	范县	高码头乡	127.02
		陆集乡	129.77
		辛庄乡	122.85
	南乐县	近德固乡	14.34
		寺庄乡	111.04
		西邵乡	334.21
		元村镇	63.41
	濮阳县	八公桥镇	0.47
		白罡乡	27.34
		城关镇	35.86
		郎中乡	271.80
		梨园乡	63.73
		梁庄乡	787.69
		柳屯镇	200.73
		清河头乡	58.85
		渠村乡	182.51
		王称固乡	165.78
		习城乡	30.13
		徐镇镇	222.00
	清丰县	大流乡	151.57
		大屯乡	349.10
		古城乡	551.11
		固城乡	206.84
		韩村乡	618.00
		柳格乡	0.77
		六塔乡	49.23
		双庙乡	252.00
		阳邵乡	561.50
		纸房乡	135.95
	台前县	侯庙镇	13.09
		马楼乡	105.64
		清水河乡	397.69

（续表）

轻黏土 （24 400.61）	范县	白衣阁乡	486.74
		陈庄乡	83.21
		高码头乡	105.06
		龙王庄乡	760.43
		陆集乡	662.41
		濮城镇	64.42
		王楼乡	220.14
		辛庄乡	78.00
		颜村铺乡	1 531.87
		杨集乡	365.15
		张庄乡	761.21
	南乐县	梁村乡	732.79
		寺庄乡	0.96
		杨村乡	348.25
		元村镇	22.06
		张果屯乡	56.41
	濮阳县	白罡乡	376.90
		城关镇	416.66
		海通乡	1 017.56
		胡状乡	1 306.47
		户部寨乡	194.54
		郎中乡	1 037.25
		梨园乡	372.93
		梁庄乡	21.11
		柳屯镇	370.98
		鲁河乡	2 371.52
		清河头乡	636.64
		庆祖镇	554.03
		渠村乡	458.08
		王称固乡	271.63
		文留镇	228.25
		五星乡	2 262.56
		习城乡	922.88

（续表）

轻黏土 （24 400.61）	濮阳县	徐镇镇	45.67
		子岸乡	3 219.64
	清丰县	巩营乡	2.60
		马村乡	6.24
	台前县	城关镇	50.97
		打渔陈乡	646.66
		侯庙镇	32.59
		后方乡	3.73
		马楼乡	1 047.44
		清水河乡	105.42
		孙口乡	62.56
		吴坝乡	78.01
轻壤土 （97 966.26）	范县	白衣阁乡	174.09
		陈庄乡	2 536.50
		高码头乡	888.42
		龙王庄乡	657.52
		陆集乡	664.39
		濮城镇	245.41
		王楼乡	6.78
		辛庄乡	1 088.81
		杨集乡	302.18
		张庄乡	411.98
	南乐县	城关镇	1 493.42
		福堪乡	2 238.24
		谷金楼乡	3 298.70
		韩张镇	2 309.27
		近德固乡	3 264.39
		梁村乡	890.38
		千口乡	489.78
		寺庄乡	2 027.29
		西邵乡	2 159.65
		杨村乡	2 494.98
		元村镇	3 482.90
		张果屯乡	1 717.29

（续表）

轻壤土 （97 966.26）	濮阳县	八公桥镇	2 966.82
		白罡乡	632.46
		城关镇	973.55
		海通乡	358.90
		胡状乡	947.10
		户部寨乡	1 649.28
		郎中乡	1 473.37
		梨园乡	556.30
		梁庄乡	605.67
		柳屯镇	1 229.72
		鲁河乡	941.16
		清河头乡	1 118.66
		庆祖镇	1 454.42
		渠村乡	556.35
		王称固乡	2 957.40
		文留镇	3 712.36
		五星乡	193.58
		习城乡	808.36
		徐镇镇	1 776.38
		子岸乡	379.59
	清丰县	城关镇	1 403.98
		大流乡	995.56
		大屯乡	1 783.62
		高堡乡	1 296.89
		巩营乡	1 920.57
		古城乡	1 038.00
		固城乡	2 175.88
		韩村乡	1 810.57
		柳格乡	3 181.24
		六塔乡	901.17
		马村乡	1 359.49
		马庄桥镇	870.14
		双庙乡	3 384.99
		瓦屋头镇	3 392.30
		仙庄乡	2 714.89
		阳邵乡	1 160.91
		纸房乡	2 400.33

（续表）

轻壤土 （97 966.26）	台前县	城关镇	15.46
		打渔陈乡	1 044.07
		侯庙镇	2 599.64
		后方乡	115.61
		夹河乡	1 602.80
		马楼乡	793.37
		清水河乡	761.46
		孙口乡	85.35
		吴坝乡	1 024.19
砂壤土 （34 670.52）	范县	白衣阁乡	2.76
		陈庄乡	288.65
		高码头乡	1 177.67
		龙王庄乡	81.84
		陆集乡	342.39
		辛庄乡	612.83
		张庄乡	702.31
	南乐县	近德固乡	317.03
		寺庄乡	409.11
		西邵乡	262.48
		元村镇	240.60
		张果屯乡	147.58
	濮阳县	八公桥镇	1 544.63
		白罡乡	798.18
		城关镇	245.07
		海通乡	248.04
		胡状乡	1 110.63
		户部寨乡	78.39
		郎中乡	2 143.05
		梨园乡	987.51
		梁庄乡	3 269.48
		柳屯镇	2 133.93
		清河头乡	682.33
		庆祖镇	4.28

（续表）

砂壤土 （34 670.52）	濮阳县	渠村乡	1 171.72
		王称固乡	1 176.08
		文留镇	1 074.38
		习城乡	1 732.21
		徐镇镇	1 885.89
		子岸乡	13.09
	清丰县	大流乡	742.38
		大屯乡	1 066.14
		高堡乡	187.33
		巩营乡	30.64
		古城乡	1 438.44
		固城乡	936.16
		韩村乡	985.47
		柳格乡	22.97
		六塔乡	181.22
		马村乡	44.96
		马庄桥镇	191.96
		双庙乡	3.95
		阳邵乡	1 584.21
		纸房乡	289.78
	台前县	打渔陈乡	195.44
		侯庙镇	305.47
		后方乡	246.91
		夹河乡	87.73
		马楼乡	604.68
		清水河乡	542.10
		孙口乡	98.44
		吴坝乡	454.05
松砂土 （41.91）	范县	陆集乡	16.74
	台前县	清水河乡	25.17
中黏土 （12 410.97）	范县	白衣阁乡	862.52
		陈庄乡	99.80
		城关镇	151.11

（续表）

中黏土 （12 410.97）	范县	高码头乡	141.43
		龙王庄乡	1 120.64
		陆集乡	199.79
		濮城镇	342.65
		王楼乡	128.04
		辛庄乡	874.69
		颜村铺乡	918.05
		杨集乡	854.14
		张庄乡	113.47
	南乐县	杨村乡	48.02
		张果屯乡	1.86
	濮阳县	海通乡	34.68
		渠村乡	698.95
	清丰县	巩营乡	294.85
		马村乡	955.45
		仙庄乡	124.74
	台前县	城关镇	887.53
		打渔陈乡	597.46
		后方乡	1 272.52
		夹河乡	255.20
		马楼乡	383.41
		清水河乡	1.98
		孙口乡	941.06
		吴坝乡	106.93
中壤土 （69 457.25）	范县	白衣阁乡	1 234.74
		陈庄乡	387.72
		城关镇	274.91
		高码头乡	493.22
		龙王庄乡	1 294.28
		陆集乡	503.94
		濮城镇	1 220.96
		王楼乡	1 759.39
		辛庄乡	916.95
		颜村铺乡	321.94
		杨集乡	1 439.46
		张庄乡	97.58

（续表）

中壤土 （69 457.25）	南乐县	福堪乡	2 234.67
		谷金楼乡	3.16
		韩张镇	582.01
		近德固乡	19.20
		梁村乡	893.07
		千口乡	3 735.80
		寺庄乡	395.75
		西邵乡	107.92
		杨村乡	1 369.89
		张果屯乡	1 319.24
	濮阳县	八公桥镇	1 423.47
		白罡乡	1 837.47
		城关镇	1 168.95
		海通乡	2 714.30
		胡状乡	1 990.42
		户部寨乡	2 646.15
		郎中乡	928.84
		梨园乡	1 811.91
		梁庄乡	52.15
		柳屯镇	1 607.97
		鲁河乡	1 740.57
		清河头乡	1 070.66
		庆祖镇	2 864.24
		渠村乡	697.39
		王称固乡	316.47
		文留镇	873.69
		五星乡	1 322.05
		习城乡	386.50
		徐镇镇	754.21
		子岸乡	1 731.18
	清丰县	城关镇	344.83
		大流乡	1 784.75
		大屯乡	260.12

（续表）

中壤土 （69 457.25）	清丰县	高堡乡	2 523.63
		巩营乡	1 664.72
		古城乡	445.46
		柳格乡	33.84
		六塔乡	2 555.81
		马村乡	2 068.00
		双庙乡	19.06
		瓦屋头镇	705.85
		仙庄乡	2 632.17
		阳邵乡	591.75
		纸房乡	1 721.65
	台前县	城关镇	67.56
		打渔陈乡	988.91
		侯庙镇	404.44
		后方乡	567.70
		夹河乡	162.60
		马楼乡	464.26
		清水河乡	79.93
		孙口乡	249.28
		吴坝乡	576.52
重黏土 （401.01）	范县	辛庄乡	238.32
		杨集乡	162.70
重壤土 （7 853.65）	范县	白衣阁乡	440.05
		陈庄乡	52.83
		高码头乡	9.83
		龙王庄乡	181.14
		陆集乡	308.42
		王楼乡	308.22
		辛庄乡	598.44
		颜村铺乡	323.84
		杨集乡	862.09
		张庄乡	163.17

（续表）

	南乐县	梁村乡	102.60
		寺庄乡	291.58
		元村镇	68.68
	濮阳县	白罡乡	86.21
		城关镇	4.51
		海通乡	150.73
		胡状乡	35.27
		户部寨乡	4.43
		郎中乡	1.11
重壤土		梨园乡	538.20
（7 853.65）		庆祖镇	513.52
		渠村乡	832.46
		王称固乡	394.28
		五星乡	283.04
		习城乡	402.70
		子岸乡	274.34
	清丰县	阳邵乡	174.99
	台前县	打渔陈乡	125.12
		侯庙镇	15.05
		马楼乡	38.41
		清水河乡	268.39

（4）砂壤土 耕地面积 35 124.57 公顷，占全县耕地面积的 14%，主要分布在濮阳县八公桥镇、郎中乡、梁庄乡、柳屯镇、习城乡、徐镇镇等乡镇；清丰县的大屯乡、古城乡、固城乡、韩村乡、阳邵乡等乡镇；南乐县的近德固乡、寺庄乡、西邵乡、元村镇、张果屯乡；范县的高码头乡、陆集乡、辛庄乡、张庄乡等乡镇；台前的马楼乡、清水河乡、吴坝乡等乡镇。

（5）松砂土 耕地面积 41.91 公顷，占全市耕地面积的 0.02%，主要分布在范县的陆集乡和台前县的清水河乡。

（6）中黏土 耕地面积 12 410.97 公顷，占全市耕地面积的 5%，主要分布在濮阳县的海通乡、渠村乡；清丰县的巩营乡、马村乡、仙庄乡；南乐县的张村乡、张果屯乡；范县的白衣阁乡、龙王庄乡、辛庄乡、颜村铺乡、杨集乡等乡镇；台前的城关镇、后方乡、孙口乡等乡镇。

（7）中壤土 耕地面积 69 457.25 公顷，占全市耕地面积的 27%，主要分布在濮阳县的八公桥镇、白罡乡、海通乡、胡状乡、户部寨乡、梨园乡、庆祖镇等乡镇；清丰县的大流乡、高堡乡、巩营乡、六塔乡、马村乡、仙庄乡、纸房乡等乡镇；南乐县的福堪乡、千口乡、杨村乡、张果屯乡等乡镇；范县的白衣阁乡、龙王庄乡、濮城镇、王楼乡、杨集乡等乡镇；台前县的打渔陈乡、后方乡、马楼乡、吴坝乡等乡镇。

（8）重黏土　耕地面积 401.01 公顷，占全市耕地面积的 0.16%，主要分布在范县的辛庄乡、杨集乡。

（9）重壤土　耕地面积 7 853.65 公顷，占全市耕地面积的 3%，主要分布在濮阳县的梨园乡、庆祖镇、渠村乡、王称固乡、习城乡等乡镇；清丰县的阳邵乡；南乐县的梁村乡、寺庄乡、元村镇；范县的白衣阁乡、辛庄乡、杨集乡等乡镇；台前县的打渔陈乡、侯庙镇、马楼乡、清水河乡。

五、土壤质地构型

濮阳市共有夹黏轻壤、夹黏砂壤、夹黏中壤、夹壤砂壤、夹壤砂土、夹壤重壤、夹砂轻壤、夹砂中壤、均质黏土、均质轻壤、均质砂壤、均质中壤、均质砂土、黏底轻壤、黏底砂壤、黏底中壤、黏身轻壤、壤底黏土、黏身中壤、黏身砂壤、壤底砂壤、壤身黏土、壤身砂壤、壤身重壤、砂底黏土、砂底中壤、砂底重壤、砂底轻壤、砂身轻壤、砂身中壤、砂身重壤 31 种质地构型，其中，均质轻壤在濮阳市面积最大，占耕地面积的 25.43%，其次是均质中壤和砂身轻壤，分别占耕地面积的 10.38% 和 9.22%（表 2-6、附图 5）。

表 2-6　濮阳市各乡镇不同质地构型分布表　　　　　　　　单位：公顷

质地构型	分布情况		面积
夹黏轻壤 （303.84）	南乐县	梁村乡	10.70
		元村镇	276.80
	清丰县	马庄桥镇	2.63
		阳邵乡	13.72
夹黏砂壤 （669.43）	濮阳县	海通乡	245.06
		胡状乡	6.13
		郎中乡	3.30
		梁庄乡	290.29
		渠村乡	44.12
		习城乡	0.63
	清丰县	固城乡	15.86
	台前县	侯庙镇	12.70
		马楼乡	49.83
		清水河乡	1.50
夹黏中壤 （1 646.54）	范县	陈庄乡	52.14
		龙王庄乡	13.61
		陆集乡	76.85
		王楼乡	200.48
		杨集乡	24.04

（续表）

质地构型	分布情况		面积
夹黏中壤 （1 646.54）	南乐县	福堪乡	134.22
		韩张镇	1.81
		千口乡	334.51
	濮阳县	海通乡	49.88
		渠村乡	5.93
	清丰县	大流乡	328.02
		高堡乡	333.90
		古城乡	91.16
夹壤砂壤（4.78）	清丰县	韩村乡	4.78
夹壤砂土（1.53）	台前县	马楼乡	1.53
夹壤重壤 （2 832.62）	范县	白衣阁乡	206.74
		龙王庄乡	82.85
		陆集乡	7.85
		王楼乡	115.78
		辛庄乡	45.47
		颜村铺乡	323.84
		杨集乡	319.04
		张庄乡	159.35
	南乐县	梁村乡	102.60
		寺庄乡	291.58
	濮阳县	白罡乡	58.53
		海通乡	51.01
		胡状乡	35.27
		户部寨乡	4.43
		庆祖镇	513.52
		王称固乡	296.58
		五星乡	65.98
		子岸乡	10.54
	清丰县	阳邵乡	141.66

（续表）

质地构型	分布情况		面积
夹砂轻壤 （834.94）	范县	张庄乡	41.41
	濮阳县	八公桥镇	141.73
		胡状乡	196.23
		庆祖镇	284.77
		王称固乡	112.76
		五星乡	13.36
	台前县	孙口乡	44.67
夹砂中壤 （152.28）	濮阳县	户部寨乡	31.23
		柳屯镇	60.11
		子岸乡	32.17
	台前县	孙口乡	28.77
均质黏土 （19 899.22）	范县	白衣阁乡	862.52
		陈庄乡	99.80
		城关镇	151.11
		高码头乡	141.43
		龙王庄乡	1 120.64
		陆集乡	199.79
		濮城镇	84.86
		王楼乡	128.04
		辛庄乡	548.00
		颜村铺乡	918.05
		杨集乡	854.14
		张庄乡	113.47
	南乐县	梁村乡	559.54
		寺庄乡	0.96
		杨村乡	396.27
		张果屯乡	58.26
	濮阳县	城关镇	231.20
		海通乡	89.38

（续表）

质地构型	分布情况		面积
均质黏土 （19 899.22）	濮阳县	胡状乡	736.94
		户部寨乡	155.39
		郎中乡	417.10
		梨园乡	7.34
		柳屯镇	347.92
		鲁河乡	1 999.84
		清河头乡	628.24
		庆祖镇	547.83
		渠村乡	248.35
		王称固乡	213.73
		文留镇	71.83
		五星乡	466.35
		习城乡	4.59
		子岸乡	1 664.00
	清丰县	巩营乡	297.45
		马村乡	961.69
		仙庄乡	124.74
		阳邵乡	26.77
	台前县	城关镇	887.53
		打渔陈乡	597.46
		后方乡	1 272.52
夹壤重壤 （2 832.62）	台前县	夹河乡	255.20
		马楼乡	367.15
		清水河乡	1.98
		孙口乡	932.86
		吴坝乡	106.93
均质轻壤 （64 597.80）	范县	白衣阁乡	174.09
		陈庄乡	2 147.29
		高码头乡	859.06
		龙王庄乡	514.51

（续表）

质地构型	分布情况		面积
均质轻壤 （64 597.80）	范县	陆集乡	644.88
		濮城镇	218.81
		王楼乡	6.78
		辛庄乡	926.71
		杨集乡	248.56
		张庄乡	285.67
	南乐县	城关镇	1 472.48
		福堪乡	2 238.24
		谷金楼乡	3 205.39
		韩张镇	1 810.68
		近德固乡	3 248.93
		梁村乡	832.80
		千口乡	489.29
		寺庄乡	1 610.51
		西邵乡	2 120.43
		杨村乡	2 210.42
		元村镇	2 803.39
		张果屯乡	1 141.25
	濮阳县	八公桥镇	500.09
		白罡乡	392.70
		城关镇	443.56
		海通乡	119.58
		胡状乡	245.23
		户部寨乡	21.70
		郎中乡	154.53
		梨园乡	230.09
		柳屯镇	997.45
		鲁河乡	97.43
		清河头乡	781.64
		庆祖镇	62.92
		渠村乡	60.76
		王称固乡	551.66

（续表）

质地构型	分布情况		面积
均质轻壤 （64 597.80）	濮阳县	文留镇	186.24
		习城乡	44.99
		徐镇镇	15.68
	清丰县	城关镇	1 403.98
		大流乡	995.56
		大屯乡	1 783.63
		高堡乡	1 296.89
		巩营乡	1 535.81
		古城乡	1 038.00
		固城乡	2 070.50
		韩村乡	1 810.57
		柳格乡	3 114.20
		六塔乡	889.68
		马村乡	1 354.80
		马庄桥镇	867.52
		双庙乡	3 199.93
		瓦屋头镇	3 080.68
		仙庄乡	2 666.99
		阳邵乡	682.37
		纸房乡	2 400.33
	台前县	侯庙镇	111.96
		后方乡	49.95
		夹河乡	30.54
		清水河乡	95.35
		孙口乡	2.14
均质砂壤 （18 236.45）	范县	白衣阁乡	2.76
		陈庄乡	288.65
		高码头乡	1 177.67
		龙王庄乡	81.84

（续表）

质地构型	分布情况		面积
	范县	陆集乡	275.33
		辛庄乡	612.83
		张庄乡	702.31
	南乐县	近德固乡	78.46
		寺庄乡	409.11
		西邵乡	262.48
		元村镇	232.84
		张果屯乡	147.58
	濮阳县	八公桥镇	9.19
		白罡乡	208.26
		城关镇	245.07
		胡状乡	721.08
		户部寨乡	41.34
		郎中乡	344.39
		梨园乡	844.69
均质砂壤		梁庄乡	788.81
(18 236.45)		柳屯镇	371.33
		清河头乡	682.33
		庆祖镇	4.28
		王称固乡	439.83
		徐镇镇	411.72
		子岸乡	13.09
	清丰县	大流乡	526.07
		大屯乡	1 066.14
		高堡乡	187.33
		巩营乡	30.64
		古城乡	1 358.49
		固城乡	915.51
		韩村乡	938.95
		柳格乡	22.97
		六塔乡	180.14
		马村乡	44.96
		马庄桥镇	191.96
		阳邵乡	1 256.74
		纸房乡	289.78

（续表）

质地构型	分布情况		面积
均质砂壤 （18 236.45）	台前县	打渔陈乡	195.44
		侯庙镇	206.48
		后方乡	125.83
		夹河乡	87.73
		马楼乡	266.19
		清水河乡	406.85
		孙口乡	86.94
		吴坝乡	454.05
均质砂土 （6 382.41）	范县	高码头乡	127.02
		陆集乡	146.50
		辛庄乡	122.85
	南乐县	近德固乡	14.34
		寺庄乡	111.04
		西邵乡	334.21
		元村镇	63.41
	濮阳县	八公桥镇	0.47
		白罡乡	27.34
		城关镇	35.86
		郎中乡	271.80
		梨园乡	63.73
		梁庄乡	787.69
		柳屯镇	200.73
		清河头乡	58.85
		渠村乡	182.51
		王称固乡	165.78
		习城乡	30.13
		徐镇镇	222.00
	清丰县	大流乡	151.57
		大屯乡	349.10
		古城乡	551.11
		固城乡	206.84
		韩村乡	618.00

质地构型	分布情况		面积
均质砂土 （6 382.41）	清丰县	柳格乡	0.77
		六塔乡	49.23
		双庙乡	252.00
		阳邵乡	561.50
		纸房乡	135.95
	台前县	侯庙镇	13.09
		马楼乡	104.11
		清水河乡	422.86
均质中壤 （26 369.73）	范县	白衣阁乡	1 190.92
		陈庄乡	329.79
		城关镇	274.91
		高码头乡	22.98
		龙王庄乡	971.58
		陆集乡	424.14
		濮城镇	513.28
		王楼乡	1 431.33
		辛庄乡	361.99
		颜村铺乡	312.39
		杨集乡	1 165.26
		张庄乡	93.79
	南乐县	福堪乡	1 552.80
		谷金楼乡	3.16
		韩张镇	405.57
		近德固乡	19.20
		梁村乡	792.64
		千口乡	1 860.93
		寺庄乡	363.67
		西邵乡	107.92
		杨村乡	191.99
		张果屯乡	217.15
	濮阳县	八公桥镇	56.51
		白罡乡	33.06

（续表）

质地构型	分布情况		面积
均质中壤 （26 369.73）	濮阳县	城关镇	46.55
		海通乡	1 615.93
		胡状乡	10.83
		户部寨乡	37.55
		郎中乡	178.86
		柳屯镇	316.00
		清河头乡	167.39
		庆祖镇	1 225.53
		渠村乡	691.46
		子岸乡	493.23
	清丰县	城关镇	163.33
		大流乡	1 056.63
		高堡乡	1 584.72
		巩营乡	336.41
		古城乡	58.76
		六塔乡	1 962.26
		马村乡	605.99
		瓦屋头镇	380.58
		仙庄乡	1 171.33
		纸房乡	364.03
	台前县	打渔陈乡	81.04
		侯庙镇	9.14
		后方乡	87.33
		夹河乡	134.50
		马楼乡	405.63
		孙口乡	79.05
		吴坝乡	408.70
黏底轻壤 （5 039.51）	范县	陈庄乡	32.96
		高码头乡	13.82
		龙王庄乡	143.00
		陆集乡	16.85
		杨集乡	53.62
		张庄乡	84.91

（续表）

质地构型	分布情况		面积
黏底轻壤 （5 039.51）	南乐县	城关镇	20.93
		谷金楼乡	93.31
		韩张镇	498.59
		近德固乡	15.46
		梁村乡	46.89
		寺庄乡	416.78
		西邵乡	39.21
		杨村乡	284.56
		元村镇	402.70
		张果屯乡	568.15
	濮阳县	八公桥镇	169.32
		城关镇	101.08
		海通乡	214.79
		郎中乡	37.93
		梁庄乡	2.15
		柳屯镇	232.27
		清河头乡	70.26
		庆祖镇	128.29
		渠村乡	410.69
		王称固乡	197.63
	清丰县	巩营乡	14.72
		固城乡	105.39
		柳格乡	67.04
		六塔乡	11.49
		马村乡	4.69
		瓦屋头镇	214.39
		仙庄乡	29.85
		阳邵乡	257.23
	台前县	孙口乡	38.54
黏底砂壤 （2 692.64）	濮阳县	白罡乡	65.34
		户部寨乡	37.05
		梁庄乡	47.44

（续表）

质地构型	分布情况		面积
黏底砂壤 （2 692.64）	濮阳县	柳屯镇	1 762.60
		渠村乡	55.14
		文留镇	0.46
		习城乡	21.84
		徐镇镇	34.29
	清丰县	大流乡	211.48
		古城乡	79.94
		韩村乡	46.52
		六塔乡	1.08
		双庙乡	3.95
	台前县	侯庙镇	86.30
		后方乡	121.08
		清水河乡	118.13
黏底中壤 （9 335.38）	范县	白衣阁乡	43.81
		高码头乡	470.24
		龙王庄乡	309.09
		陆集乡	2.95
		王楼乡	93.00
		颜村铺乡	9.55
		杨集乡	116.91
		张庄乡	3.79
	南乐县	福堪乡	39.30
		韩张镇	148.28
		梁村乡	85.18
		千口乡	703.81
		杨村乡	657.99
		张果屯乡	668.08
	濮阳县	八公桥镇	14.55
		城关镇	37.64
		海通乡	876.63
		胡状乡	65.81
		户部寨乡	135.88

（续表）

质地构型	分布情况		面积
黏底中壤 （9 335.38）	濮阳县	郎中乡	13.44
		柳屯镇	196.57
		鲁河乡	244.84
		清河头乡	146.60
		庆祖镇	674.85
		王称固乡	86.27
		五星乡	15.62
	清丰县	城关镇	167.66
		大流乡	400.10
		大屯乡	260.12
		高堡乡	409.28
		古城乡	62.85
		柳格乡	33.84
		六塔乡	471.35
		马村乡	324.48
		瓦屋头镇	172.93
		仙庄乡	222.11
		纸房乡	595.16
	台前县	侯庙镇	243.84
		后方乡	48.24
		马楼乡	53.54
		清水河乡	3.53
		孙口乡	5.66
黏身轻壤 （1 441.83）	范县	陈庄乡	10.38
		辛庄乡	53.14
	南乐县	千口乡	0.49
		张果屯乡	7.88
	濮阳县	胡状乡	15.72
		户部寨乡	28.37
		梨园乡	40.17
		渠村乡	84.90
		五星乡	115.68
		徐镇镇	143.21

（续表）

质地构型	分布情况		面积
黏身轻壤 （1 441.83）	清丰县	巩营乡	370.03
		双庙乡	185.06
		阳邵乡	207.59
	台前县	城关镇	15.46
		侯庙镇	86.66
		马楼乡	21.15
		清水河乡	55.94
黏身砂壤 （315.77）	台前县	马楼乡	288.66
		清水河乡	15.61
		孙口乡	11.51
黏身中壤 （11 128.08）	南乐县	福堪乡	508.35
		韩张镇	26.35
		梁村乡	15.25
		千口乡	836.56
		杨村乡	519.91
		张果屯乡	434.00
	濮阳县	城关镇	853.39
		户部寨乡	100.12
		柳屯镇	542.17
		清河头乡	693.06
		文留镇	1.39
	清丰县	城关镇	13.84
		高堡乡	195.73
		巩营乡	1 328.31
		古城乡	232.70
		六塔乡	122.20
		马村乡	1 137.53
		双庙乡	19.06
		瓦屋头镇	152.34
		仙庄乡	1 238.74
		阳邵乡	591.75
		纸房乡	762.46

（续表）

质地构型	分布情况		面积
夹壤重壤 （2 832.62）	台前县	城关镇	67.56
		侯庙镇	26.70
		后方乡	432.13
		马楼乡	5.08
		孙口乡	103.56
		吴坝乡	167.83
壤底黏土 （2 745.34）	范县	辛庄乡	238.32
		杨集乡	162.70
	濮阳县	城关镇	9.26
		海通乡	675.78
		胡状乡	55.44
		清河头乡	8.40
		渠村乡	708.22
		五星乡	574.42
		习城乡	132.06
	台前县	城关镇	35.64
		马楼乡	65.28
		清水河乡	1.81
		吴坝乡	78.01
壤底砂壤 （895.20）	濮阳县	八公桥镇	489.80
		胡状乡	41.30
		梁庄乡	53.79
		文留镇	121.74
		习城乡	163.39
		徐镇镇	25.18
壤身黏土 （6 994.48）	范县	白衣阁乡	210.65
		陈庄乡	136.04
		龙王庄乡	197.24
		陆集乡	745.82
		濮城镇	322.22
		辛庄乡	956.59
		颜村铺乡	441.82

（续表）

质地构型	分布情况		面积
壤身黏土 （6 994.48）	范县	杨集乡	442.14
		张庄乡	488.11
	南乐县	梁村乡	173.26
	濮阳县	海通乡	146.90
		郎中乡	28.50
		庆祖镇	1.70
		渠村乡	102.56
		五星乡	295.57
		子岸乡	1 134.07
	台前县	打渔陈乡	29.41
		侯庙镇	32.59
		后方乡	2.45
		马楼乡	995.03
		清水河乡	103.60
		孙口乡	8.19
壤身砂壤 （12 310.29）	范县	陆集乡	67.06
	南乐县	近德固乡	238.57
		元村镇	7.76
	濮阳县	八公桥镇	1 045.65
		白罡乡	524.58
		海通乡	2.97
		胡状乡	342.11
		郎中乡	1 795.37
		梨园乡	142.82
		梁庄乡	2 089.14
		渠村乡	1 072.47
		王称固乡	736.25
		文留镇	952.17
		习城乡	1 546.35
		徐镇镇	1 414.71
	清丰县	大流乡	4.84
		阳邵乡	327.47

（续表）

质地构型	分布情况		面积
壤身重壤 （1 504.61）	濮阳县	白罡乡	27.67
		海通乡	99.73
		梨园乡	538.20
		渠村乡	832.46
	清丰县	阳邵乡	6.55
砂底黏土 （5 797.53）	范县	白衣阁乡	276.08
		高码头乡	105.06
		龙王庄乡	563.19
		王楼乡	220.14
		颜村铺乡	1 090.04
		杨集乡	96.83
		张庄乡	273.10
	南乐县	元村镇	22.06
	濮阳县	白罡乡	168.79
		城关镇	176.20
		海通乡	41.52
		户部寨乡	16.39
		梨园乡	354.78
		鲁河乡	278.74
		庆祖镇	2.73
		王称固乡	37.00
		文留镇	156.41
		五星乡	741.45
		习城乡	55.64
		子岸乡	421.57
	台前县	城关镇	15.33
		打渔陈乡	617.25
		后方乡	1.28
		马楼乡	3.39
		孙口乡	62.56
砂底轻壤 （2 318.90）	范县	辛庄乡	19.52
	濮阳县	八公桥镇	553.63

（续表）

质地构型	分布情况		面积
砂底轻壤 （2 318.90）	濮阳县	白罡乡	48.89
		城关镇	239.62
		胡状乡	20.39
		户部寨乡	275.26
		梁庄乡	2.79
		清河头乡	22.20
		王称固乡	663.34
		文留镇	280.32
		徐镇镇	75.30
		子岸乡	2.36
	清丰县	瓦屋头镇	97.23
		仙庄乡	18.05
砂底中壤 （4 191.24）	范县	陈庄乡	5.80
		濮城镇	22.55
		杨集乡	116.41
	南乐县	寺庄乡	32.08
	濮阳县	八公桥镇	1 116.41
		城关镇	168.29
		胡状乡	245.97
		户部寨乡	509.55
		郎中乡	267.74
		梁庄乡	44.54
		柳屯镇	381.46
		鲁河乡	408.27
		清河头乡	63.60
		文留镇	96.47
		五星乡	6.89
		习城乡	47.51
		徐镇镇	28.28
		子岸乡	322.40
	台前县	打渔陈乡	307.03
砂底重壤 （329.22）	范县	辛庄乡	1.07
		杨集乡	328.16

（续表）

质地构型	分布情况		面积
砂身轻壤 （23 429.43）	范县	陈庄乡	345.86
		高码头乡	15.54
		陆集乡	2.66
		濮城镇	26.60
		辛庄乡	89.44
	濮阳县	八公桥镇	1 602.05
		白罡乡	190.87
		城关镇	189.29
		海通乡	24.52
		胡状乡	469.53
		户部寨乡	1 323.94
		郎中乡	1 280.91
		梨园乡	286.04
		梁庄乡	600.73
		鲁河乡	843.73
		清河头乡	244.57
		庆祖镇	978.43
		王称固乡	1 432.00
		文留镇	3 245.80
		五星乡	64.53
		习城乡	763.38
		徐镇镇	1 542.19
		子岸乡	377.23
	台前县	打渔陈乡	1 044.07
		侯庙镇	2 401.01
		后方乡	65.66
		夹河乡	1 572.26
		马楼乡	772.22
		清水河乡	610.17
		吴坝乡	1 024.19
砂身中壤 （16 633.99）	范县	濮城镇	685.12
		王楼乡	34.58

（续表）

质地构型	分布情况		面积
砂身中壤 （16 633.99）	范县	辛庄乡	554.96
		杨集乡	16.83
	濮阳县	八公桥镇	236.00
		白罡乡	1 804.41
		城关镇	63.08
		海通乡	171.86
		胡状乡	1 667.81
		户部寨乡	1 831.81
		郎中乡	468.80
		梨园乡	1 811.91
		梁庄乡	7.61
		柳屯镇	111.66
		鲁河乡	1 087.46
		庆祖镇	963.86
		王称固乡	230.20
		文留镇	775.83
		五星乡	1 299.54
		习城乡	338.99
		徐镇镇	725.93
		子岸乡	883.38
	台前县	打渔陈乡	600.83
		侯庙镇	124.77
		夹河乡	28.10
		清水河乡	76.40
		孙口乡	32.24
砂身重壤 （4 963.22）	范县	白衣阁乡	233.31
		高码头乡	9.83
		龙王庄乡	98.28
		陆集乡	217.16
		王楼乡	192.44
		杨集乡	41.07
		张庄乡	3.82

（续表）

质地构型	分布情况		面积
砂身重壤 （4 963.22）	南乐县	元村镇	68.68
	濮阳县	白罡乡	208.11
		城关镇	4.51
		海通乡	98.66
		胡状乡	514.09
		户部寨乡	22.76
		郎中乡	592.75
		梨园乡	10.81
		梁庄乡	21.11
		柳屯镇	23.06
		鲁河乡	92.94
		庆祖镇	1.76
		渠村乡	97.89
		王称固乡	118.60
		五星乡	401.84
		习城乡	1 133.29
		徐镇镇	45.67
		子岸乡	263.81
	台前县	打渔陈乡	125.12
		侯庙镇	15.05
		马楼乡	38.41
		清水河乡	268.39

第四节　耕地立地条件

一、地形

濮阳市地处黄河冲积平原的中部，地形平坦，变化较小，微地貌形态变化较大。地势西高东低，南高北低，自西南向东北倾斜。最低点海拔 40 米，最高点 61 米。

二、地貌

濮阳市的地貌历史上受黄河改道决口泛滥的影响较大，黄河改道对濮阳市地貌影响较大的有漯川泛道、笃马泛道、清济泛道。

（一）砂丘砂垄

系黄河故道沉积的砂土经风力搬运堆积而形成。漯川故道范围较大，黄河故道两侧范围较小，且呈点片状，主要分布在柳屯、岳村境内。大部分为波状起伏的浑圆砂丘。

（二）古河漫滩

主要分布在古河床两侧与黄河故堤之间。由于年代久远和黄河多次改道，决口泛滥的影响，现已支离破碎，不如现代河漫滩完整。

（三）背河洼地

系黄泛平原与黄河大堤的接合部位，宽度1~5千米不等的狭长平洼地形，叫"背河洼地"，比黄河滩区低2~4米。由于被黄河决口洼形成的冲积锥隔断，被分成一个槽形洼地，在冲积扇的扇缘部位，即金堤河沿岸，地势平坦低洼，自西向南向东北倾斜。

（四）浅平洼地

指中间稍低，向四周逐渐升高的平洼地形。多分布在相邻两条黄河故道之间。如清丰县的仙庄、巩营的西部，南乐县的杨村和张果屯之间皆为浅平洼地。

（五）缓斜平地

濮阳市除上述地貌类型外，均属缓斜平地。是黄河冲积平原主要地貌类型，是古黄河泛水流经之地。地形平缓、坡降较小，土质肥沃，是粮棉等农作物高产稳产基地。

（六）人工地貌

金堤和临黄堤是濮阳市境内两条主要堤防，不仅是阻挡黄河泛滥的铜墙铁壁，而且对濮阳市的水文地貌有重大影响。

1. 金堤

西起滑城关，东至台前张庄水闸，全长176千米。

2. 临黄堤

1884年修成，在濮阳市长137千米，是防止黄河泛滥的重要屏障，是黄河安全度汛的重要工程。

三、植被与林地覆盖

濮阳市属暖温带落叶阔叶林带，由于耕作历史悠久，自然植被已不存在，主要是人工植被和田间杂草。由于气候干旱、风多，砂土、风砂土面积大，加重了土壤盐渍化的程度，加重了旱情。特别是黄河故道区，由于林木覆盖率低，还有不少砂丘未被固定，农田林网和防风林网没有很好的建立，影响农业生态环境。

通过植树造林，改善生态环境，全市大风日减少47.8%，风砂日数减少69.7%，影响小麦产量的干热风基本消失。全市粮食产量已连续9年增产。昔日"夏秋一片草，冬春一片砂"的黄河故道区，变成今朝的林海和粮仓，呈现出花果飘香、林茂粮丰的景象。

四、土壤质地

濮阳市土壤质地共有紧砂土、轻黏土、轻壤土、砂壤土、松砂土、中黏土、中壤土、重黏土、重壤土9种。

五、土壤质地构型

濮阳市共有夹黏轻壤、夹黏砂壤、夹黏中壤、夹壤砂壤、夹壤砂土、夹壤重壤、夹砂轻壤、夹砂中壤、均质黏土、均质轻壤、均质砂壤、均质中壤、均质砂土、黏底轻壤、黏底砂壤、黏底中壤、黏身轻壤、壤底黏土、黏身中壤、黏身砂壤、壤底砂壤、壤身黏土、壤身砂壤、壤身重壤、砂底黏土、砂底中壤、砂底重壤、砂底轻壤、砂身轻壤、砂身中壤、砂身重壤31种质地构型，其中，均质轻壤在濮阳市面积最大，其次是均质中壤和砂身轻壤。

六、成土母质

（一）母质的成因及性质

濮阳市的成土母质主要是黄河冲积物，占全市土壤成土母质的97.1%。这些冲积物来源于黄土高原的黄土，黄土质地均匀，颗粒细，富含钙质，石灰反应强烈，呈微碱性反应。由于流水的分布作用，在不同的部位沉积着不同的矿物质颗粒，黄河河床或泛道的主流区，沉积的矿物质颗粒较粗，多为细砂。黄河新老河漫滩和泛水漫流区沉积的矿物质颗粒以粉砂壤土为主。在回水和静水区多沉积黏土、重壤土。在垂直分布上，不同的地区由于泛滥的次数不同、沉积的时间不同，因此，质地层次的多少和厚度亦不相同。在一米土体内有的多层相间，有的通体均一，有的耕作多年后又被泛水淹没，又覆盖新的沉积物，有的纯系沉积物间层。

其次是风积物，它只占全市成土母质的2.9%，风积物系河流冲积的细砂，经风力搬运堆积而成，由于受西北风的强烈影响，多分布在黄河故道右侧的河漫滩上，形成砂丘或平铺的砂土。土质松散，易被风蚀，由于植树造林，大部基本固定。但是，目前有的毁林开荒种地，已被固定的砂丘又开始流动，应当注意。

（二）母质的地带性分布

河流冲积物分选性强，所以在水平分布上有它独自的特点，不同的地形部位沉积着不同的矿物质颗粒，颗粒越大沉积越快。在河床和主流区因流速大，沉积的矿质颗粒较粗，多为细砂，在河漫滩和漫流区，因流速小沉积的矿质颗粒较小，多为壤质土，而在静水区和回流区，沉积的矿质颗粒细小，多为黏质土。在它们中间都有过渡带存在，分布着带状土属类型。

（三）母质的排列层次

濮阳市所处的冲积平原，河流冲积物沉积的年代久远，几千年来濮阳境内黄河在不同时间，不同地点决口泛滥，同地域其泛滥次数，行水时间不同，不同决口地点，泛滥范围不同。每一次泛滥都以它水平分布的规律在不同的流速区沉积不同的矿质颗粒。这就形成了成土母质垂直分布上的明显差异，砂、黏相间，层次明显。

第五节　耕地地力改良利用与生产现状

一、农业生产现状

濮阳市是典型的平原农业地区，盛产小麦、玉米、水稻、花生、大豆等，总耕地面积269 800公顷，农作物播种面积425 193公顷，其中，粮食作物播种面积380 247公顷，油料34 080公顷，蔬菜62 240公顷，瓜类6 070公顷。粮食总产2 510 275吨，油料总产158 785吨，蔬菜总产2 310 000吨，瓜类总产265 920吨。在粮食作物中，小麦总产1 477 533吨，水稻总产300 067吨，玉米总产646 470吨。

二、耕地地力改良

（一）耕地资源类型区改良

1. 黄河河漫滩区、背河洼地和黄河故道风砂土区类型区

该类型土壤质地为松砂土、紧砂土，砂土层深厚，土壤贫瘠。在农业生产中，主要障碍

因素是干旱、风蚀。改良利用措施如下。

①加强土地平整，增加树木种植密度，防止水土流失，保护林木落叶覆盖度，增加土壤有机质含量，减少风蚀侵害。

②加强水利设施建设，提高灌溉能力。根据树木的需肥规律，以深施的方式增施肥料，保证林木生长需肥，达到速生丰产的要求。提高经济效益，增加农民收入。提高投资能力，改善速生丰产林条件。选择优良速生林品种，提高林木生长速度，缩短生产周期。

背河洼地，地势低洼，次生盐碱较重，主要改良措施：引黄种稻，种植莲藕，放养鱼、泥鳅等。

2. 干旱灌溉改良、瘠薄培肥类型区

此类型区土壤结构差，保水保肥能力差，耕性好，宜耕期长，土壤肥力较低。干旱、保水保肥能力差是这一区域的主要障碍因素。针对这一区域可采取以下改良利用措施。

①增加有机肥施用量和秸秆还田量，提高土壤有机质含量，改善土壤结构，提高土壤亲和力和蓄肥水能力，培肥地力，增强土壤生产能力，提高单位面积产量。

②进一步平整土地，加强灌溉设施建设。推广喷灌、滴灌等先进节水灌溉技术。保证适时浇水，避免大水灌溉造成的肥料流失，造成肥料浪费和环境污染，减少肥料投入成本，采用秸秆覆盖，地膜覆盖技术，减少土壤水分蒸发。

③在种植结构方面，选择适宜种植的优势农作物。根据土壤和用途选择优良品种，采用科学管理技术，可获得较高的产量。要扩大种植面积，充分利用土地资源优势，获得较好的效益。

④合理施肥，在增施有机肥的基础上，科学施用氮肥，补充磷、钾肥和中微量元素肥料，达到养分平衡，培肥地力。在施肥方法上，要针对土壤保水保肥能力差的弱点，根据作物需肥规律，采取少量多次的方法，适时施肥浇水，减少肥料流失，特别是氮素化肥更应注意，减少生产成本，增加经济效益。

3. 高标准粮田建设类型区

耕层土壤质地为中黏、重黏、重壤、中壤等地块。土壤肥力较高，耕性良好，保水保肥能力强，通透性好，适宜多种作物生长，是全市以小麦、玉米、水稻种植为主的粮食生产基地。干旱、土壤肥力不均匀，是该区的主要障碍因素。可采用如下改良利用措施。

①进一步平整土地，建设高标准粮田，提高水利建设标准，增强灌溉保证能力，发展以地埋管为主的节水灌溉面积。创造条件发展喷灌、滴灌等先进节水灌溉方式。充分利用水源、节约用水、缓和地下水不足的矛盾，在个别低洼易涝地区，疏通排水渠道，提高排水能力，达到旱能浇、涝能排，确保粮食丰产丰收。

②增施有机肥和增加秸秆还田量，提高土壤有机质含量，加深耕层，增加活土层厚度，实施沃土工程，培肥地力，改善土壤结构，扩大植物根系活动范围，提高土壤保水保肥能力，为粮食生产基地奠定良好丰产基础。充分利用土地资源提高耕地资源贡献能力。

③普及推广测土配方施肥技术，科学施肥，平衡施肥，提高肥料利用率、贡献率，进一步提高粮食作物单位面积产量和产品品质，确保粮食生产安全。

④在保证粮食生产的前提下，利用该区适宜多种作物生长优势，合理调整作物种植结构，发展经济作物生产，增加经济收入，要提高相应的配套措施，提高服务能力，搞好产销服务，发挥经济作物的高产高效优势。

（二）中低产田改良

土壤质地粗，结构差，漏水漏肥，耕层土壤肥力低，抗旱能力很差，灌溉条件不能满足作物生长灌溉需要，其改良措施主要如下。

①开发地下水资源，发展井灌，搞好土地平整，同时，抓好现有井站挖潜配套，强化灌溉设施建设，增加灌溉机井数量，减小单井灌溉面积，缩短灌溉周期，推广节水灌溉技术，提高保灌能力。

②充分利用引黄灌溉水源，强化引水工程支渠建设，扩大引水灌溉面积，在引水区减少地下水开采。

③大力推广旱作节水技术，采用秸秆覆盖，地膜覆盖进行保墒。普及推广小麦高留茬，麦糠、麦秸覆盖技术，增加秸秆还田量，利用所能利用的有机肥源，增施有机肥，提高土壤有机质含量，改良土壤结构，增强土壤保水保肥能力。

第六节　耕地保养管理的简要回顾

一、发展灌溉事业

由于受气候干旱条件的制约，濮阳市自 1955 年前后，就开始重视农田灌溉事业的发展，从土井、旱井到砖泉井，从辘轳到水车的简单担水灌溉发展到 70 年代开始打机井，机器、水泵配套，进行了一次大的飞跃。从 80 年代末开始，由于地下水位下降，逐步开始农用电建设和潜水泵配套，到目前已发展成为保灌型灌溉农业。随着灌溉农业的发展，土地逐步得到平整，建成了以畦灌形式为主的节水灌溉型旱涝保收基本农田网。

二、耕作制度改革

自 1958 年大跃进时代开始掀起了深翻土地高潮，耕作犁具也由原来的老式犁、人工翻，推广普及为新式步犁，使耕作层逐步加深。90 年代又开始逐步普及了机械耕作，使传统的精耕细作农业得以发展提高。

三、次生盐碱治理

1963 年、1964 年连续两年超过 1 000 毫米降水量，使地下水位大幅度上升，在 1～3 米，使大量地下溶盐上升到地表，形成了除砂区外的大面积次生盐碱发生，严重危害农作物出苗和生长，造成大幅度减产，还有相当一部分土地绝收。自 1966 年开始，对次生盐碱进行了以开挖排碱沟，以灌水洗盐为主的治理，配合发展耐盐作物的选用，到 1970 年以后，才得到基本治理，摆脱了盐碱的严重危害，农业生产得到恢复发展。

四、砂丘、风砂土土地平整、造林复耕

黄河故道沉积的细砂土，受季风气候的影响，在冬春干旱季节风力较大的作用下，表层砂粒随风移动，逐步形成了砂丘、砂垅。在人工植树造林的作用下变为固定半固定砂丘，难以耕作利用。濮阳市 20 世纪 90 年代初开始对砂丘、砂垅进行逐步平整，随人工搬运到大型机械推平，截至目前已基本平整，形成了易林则林、易粮则粮的林地和耕地，耕地资源得到

充分开发利用。

五、培肥地力、平衡土壤养分

1983 年开始在濮阳全市范围进行了第二次土壤普查，查清了各土壤类型及其分布。分析了理化性状，找出了制约农业生产的土壤有机质含量低，土壤缺磷、缺钾，土壤养分不平衡等限制农业发展的因素。提出了大力推广秸秆还田，增施有机肥、配方施肥技术，使农田基本肥力得到提高，土壤养分逐步得以平衡，加上基本农田保护政策的保护作用，使大部分农田得以培肥利用，变为高产粮田，保证了濮阳市农业生产的稳步健康发展。

濮阳市于 1988 年实施黄淮海农业综合开发，改造中低产田，加强农业基础设施建设，改善农业基本生产条件。1990—1992 年，开展土地利用现状调查，全面准确地摸清了境内土地资源及利用状况。1996 年，完成基本农田保护区划工作。1999 年颁布实施了《基本农田保护条例》，耕地的保养管理纳入了法制化轨道。

第三章　耕地土壤养分

土壤养分是决定土壤肥力高低，反映其农业生产性能及潜在肥力的重要标志，也是制定土壤改良利用方向及措施的重要依据。2005—2011 年对全市耕地有机质、大量元素、微量元素以及土壤物理属性进行了调查分析，充分了解了各个营养元素的含量状况及不同含量级别的面积分布，以及各个耕地土壤属性的现状，取得了大量的调查数据，为耕地地力评价创造了条件。

第一节　濮阳市土壤养分现状

（一）土壤养分整体状况

濮阳市五县二区，自 2005 年测土配方施肥补贴项目实施以来，每年都进行取土化验，截止到 2011 年年底，共采集土壤样品 40 595 个，化验 329 523 项次，检验项目有土壤 pH 值、有机质、大量元素和中微量元素等共计 13 项。

本次土壤养分现状分析，我们从全市 40 595 个土壤样品中筛选出有代表性的土壤样品 6 838 个，进行汇总分析评价，其养分含量状况见表 3 - 1。

表 3 - 1　河南省濮阳市土壤养分状况

土壤养分	平均值	最大值	最小值	标准差	变异系数（%）	样本数
有机质（克/千克）	14.1	33.4	6.40	3.0204	21.39	6 838
全　氮（克/千克）	0.87	1.69	0.31	0.1753	20.17	6 838
有效磷（毫克/千克）	19.5	64.1	4.2	9.0745	46.60	6 838
速效钾（毫克/千克）	102	251	42	31.1840	30.64	6 838
缓效钾（毫克/千克）	741	1 259	358	150.7865	20.35	6 838
有效铜（毫克/千克）	1.12	7.61	0.13	0.4427	39.69	6 838
有效锌（毫克/千克）	1.59	8.46	0.14	1.0028	63.10	6 838
有效铁（毫克/千克）	5.94	30.15	0.55	1.8077	30.42	6 838
有效锰（毫克/千克）	11.31	35.35	0.50	4.1646	36.83	6 838
有效硫（毫克/千克）	18.41	82.60	1.70	9.5882	52.08	6 838
有效硼（毫克/千克）	1.03	3.31	0.18	0.8747	84.81	6 838
有效钼（毫克/千克）	0.38	1.34	0.14	0.2630	69.11	6 838
pH 值	8.2	8.5	7.5	0.1455	1.77	6 838

（二）不同土属土壤养分状况

濮阳市土壤按省分级标准属潮土土类，潮土、风砂土和碱土亚类，含14个土属、53个土种。不同土属间土壤养分含量有一定差异，基本上黏土类大于壤土类，壤土类大于砂土类，不同土属间土壤养分平均含量见表3-2。

表3-2 河南省濮阳市不同土属土壤养分状况（一）

省土属名称	有机质（克/千克）	全氮（克/千克）	有效磷（毫克/千克）	速效钾（毫克/千克）	缓效钾（毫克/千克）	有效铜（毫克/千克）
草甸半固定风砂土	13.0	0.76	15.3	92	726	0.56
草甸固定风砂土	12.3	0.77	18.3	67	799	0.94
碱潮壤土	15.3	0.88	18.2	104	713	1.13
硫酸盐潮土	16.0	0.83	14.4	84	711	0.97
氯化物潮土	15.5	0.90	15.7	112	713	0.99
氯化物盐化碱土	17.6	1.03	20.6	89	690	0.96
湿潮壤土	20.1	1.02	43.4	102	820	1.48
湿潮黏土	17.7	0.97	32.6	114	8 404	1.36
石灰性潮壤土	14.3	0.88	19.7	104	784	1.12
石灰性潮砂土	12.4	0.77	18.0	88	632	0.99
石灰性潮黏土	15.9	1.01	23.5	125	830	1.36
脱潮壤土	12.8	0.79	15.8	88	677	0.99
脱潮砂土	11.3	0.71	14.2	73	552	0.90
淤潮黏土	17.9	0.96	26.4	100	721	1.08

表3-2 河南省濮阳市不同土属土壤养分状况（二）

省土属名称	有效锌（毫克/千克）	有效铁（毫克/千克）	有效锰（毫克/千克）	有效硫（毫克/千克）	有效硼（毫克/千克）	有效钼（毫克/千克）	pH值
草甸半固定风砂土	0.67	5.97	5.90	16.86	1.42	0.48	8.2
草甸固定风砂土	0.98	6.00	13.67	18.34	0.69	0.27	8.3
碱潮壤土	1.93	6.12	14.30	23.41	0.56	0.24	8.2
硫酸盐潮土	1.52	5.28	17.13	30.50	0.44	0.22	8.4
氯化物潮土	1.51	6.08	14.82	22.10	0.45	0.21	8.3
氯化物盐化碱土	1.42	5.93	17.13	25.87	0.37	0.20	8.3
湿潮壤土	1.28	5.31	8.84	20.70	1.90	0.81	8.0
湿潮黏土	1.54	4.99	12.51	26.69	1.78	0.57	8.1
石灰性潮壤土	1.68	6.00	11.24	19.12	1.19	0.41	8.2
石灰性潮砂土	1.43	5.86	10.32	17.22	0.78	0.34	8.3
石灰性潮黏土	1.92	5.84	12.22	20.31	1.35	0.49	8.2
脱潮壤土	1.15	6.05	10.06	15.39	0.77	0.30	8.3
脱潮砂土	1.18	5.72	11.50	10.50	0.48	0.22	8.3
淤潮黏土	2.05	6.32	13.02	20.61	0.53	0.24	8.1

（三）不同区域土壤养分状况

濮阳市所辖五个县中，土壤养分含量相对较高的是范县，其有机质含量为 16.8 克/千克、全氮 1.04 克/千克、有效磷 29.5 毫克/千克；台前县速效钾含量最高为 137 毫克/千克；清丰县养分含量相对较低，有机质 11.7 克/千克、全氮 0.74 克/千克、有效磷 15.4 毫克/千克、速效钾 83 毫克/千克。不同县域耕层土壤养分状况详情见表 3-3。

表 3-3　河南省濮阳市不同区域养分状况（一）

县名称	有机质 （克/千克）	全氮 （克/千克）	有效磷 （毫克/千克）	速效钾 （毫克/千克）	缓效钾 （毫克/千克）	有效铜 （毫克/千克）
范　县	16.8	1.04	29.5	108	813	1.42
南乐县	12.9	0.79	17.1	93	789	0.95
濮阳县	15.3	0.87	14.4	100	705	1.09
清丰县	11.7	0.74	15.4	83	651	0.95
台前县	13.9	0.90	18.6	137	763	1.12

表 3-3　河南省濮阳市不同区域养分状况（二）

县名称	有效锌 （毫克/千克）	有效铁 （毫克/千克）	有效锰 （毫克/千克）	有效硫 （毫克/千克）	有效硼 （毫克/千克）	有效钼 （毫克/千克）	pH 值
范　县	1.68	5.63	11.44	21.08	1.62	0.57	8.1
南乐县	1.27	6.34	10.12	18.98	1.14	0.40	8.3
濮阳县	1.62	6.02	13.47	19.69	0.79	0.31	8.2
清丰县	1.23	5.86	10.28	13.19	0.72	0.29	8.3
台前县	2.38	6.08	11.60	20.73	0.75	0.30	8.3

（四）土壤养分变化状况

2005—2011 年濮阳市土壤养分化验结果与全国第二次土壤普查相比，有机质提升 6.02 克/千克、有效磷增加 12.6 毫克/千克，速效钾降低 32 毫克/千克，这与农民"轻钾肥重氮、磷肥"的施肥习惯有关（表 3-4）。

表 3-4　河南省濮阳市土壤养分变化状况

土壤养分	第二次土壤普查	2005—2011 年	与第二次土壤普查相比	
			变化量	变化率（%）
有机质（克/千克）	8.08	14.1	6.02	74.50
全氮（克/千克）	0.55	0.87	0.32	58.18
有效磷（毫克/千克）	6.9	19.5	12.6	182.61
速效钾（毫克/千克）	134	102	-32	-23.88
缓效钾（毫克/千克）		741		
有效铜（毫克/千克）	1.27	1.12	-0.15	-11.81
有效锌（毫克/千克）	0.47	1.59	1.12	238.30
有效铁（毫克/千克）	9.32	5.94	-3.38	-36.27

（续表）

土壤养分	第二次土壤普查	2005—2011 年	与第二次土壤普查相比	
			变化量	变化率（%）
有效锰（毫克/千克）	9.1	11.31	2.21	24.29
有效硫（毫克/千克）		18.41		
有效硼（毫克/千克）	0.33	1.03	0.70	212.12
有效钼（毫克/千克）	0.10	0.38	0.28	280.00
pH 值	8.4	8.2	-0.2	-2.38

第二节　有机质

土壤有机质是土壤的重要组成成分，与土壤的发生、演变、土壤肥力水平和土壤的许多其他属性有密切的关系。土壤有机质含有作物生长所需的多种营养元素，分解后可直接为作物生长提供营养；有机质具有改善土壤理化性状，影响土壤结构形成及通气性、渗透性、缓冲性、交换性能和保水保肥性能，是评价耕地地力的重要指标。对耕作土壤来说，培肥的中心环节就是增施各种有机肥，实行秸秆还田，保持和提高土壤有机质含量。

（一）耕层土壤有机质含量及面积分布

本次参与濮阳市耕地地力评价的土壤样品 6 838 个，有机质平均含量为 14.1 克/千克，变化范围 6.40～33.4 克/千克，标准差 3.0204，变异系数 21.39%。与 1985 年第二次土壤普查平均含量 8.08 克/千克相比，增加了 6.02 克/千克。土壤有机质的积累与矿化是土壤与生态环境之间物质和能量循环的一个重要环节。濮阳市属暖温带半湿润大陆性季风气候，气候温和，四季分明，干湿交替明显，夏季湿热，冬季干冷，其气候条件有利于有机质分解，致使土壤有机质含量偏低。不同地力等级耕层土壤有机质含量不同，各级别面积见表 3-5。

表 3-5　濮阳市各地力等级耕层土壤有机质含量及分布面积

级别	1 等地	2 等地	3 等地	4 等地	5 等地
含量（克/千克）	18.9	14.7	14.3	13.5	11.3
面积（公顷）	9 553.01	80 380.92	62 658.95	80 552.87	20 852.50
占总耕地（%）	3.76	31.65	24.67	31.71	8.21

（二）不同土属有机质含量

不同土壤类型有机质含量有较大差异。濮阳市土壤有机质含量最低的是脱潮砂土，其次是草甸半固定风砂土、草甸固定风砂土和石灰性潮砂土。有机质含量较高的是湿潮壤土、湿潮黏土和淤潮黏土。黏质土与砂质土相比相差 6.56 克/千克左右（表 3-6）。

表3-6　濮阳市不同土壤类型有机质含量

土属	平均值 （克/千克）	最大值 （克/千克）	最小值 （克/千克）	标准偏差	变异系数 （%）
草甸半固定风砂土	13.0	19.9	8.10	2.7182	20.92
草甸固定风砂土	12.3	19.0	8.60	2.2320	18.09
碱潮壤土	15.3	23.6	10.7	2.3082	15.07
硫酸盐潮土	16.0	16.4	15.6	0.5657	3.54
氯化物潮土	15.5	21.4	13.2	1.6397	10.60
氯化物盐化碱土	17.7	21.3	14.9	2.7839	15.77
湿潮壤土	20.1	23.2	10.5	2.6127	13.02
湿潮黏土	17.7	24.1	11.4	3.5503	20.05
石灰性潮壤土	14.3	28.3	7.10	2.7427	19.13
石灰性潮砂土	12.4	26.0	6.40	2.8572	23.06
石灰性潮黏土	15.9	25.2	8.30	2.7804	17.47
脱潮壤土	12.8	19.5	7.30	1.9211	15.06
脱潮砂土	11.3	17.7	6.90	2.4150	21.34
淤潮黏土	17.9	33.4	12.5	4.0492	22.60

（三）耕层有机质含量与土壤质地的关系

土壤质地与耕层有机质含量有较密切的关系。从化验结果分析得出，不同土壤质地有机质含量在濮阳市的分布规律。各质地耕层有机质含量排列顺序为：重黏土＞中黏土＞重壤土＞轻黏土＞中壤土＞轻壤土＞砂壤土＞紧砂土＞松砂土，其含量见表3-7。

表3-7　濮阳市不同质地土壤有机质含量　　　　　　　　　单位：克/千克

质地	紧砂土	轻黏土	轻壤土	砂壤土	松砂土	中黏土	中壤土	重黏土	重壤土
平均值	11.2	15.6	13.5	12.9	9.40	16.4	14.8	17.4	16.2

（四）耕层土壤有机质各级别分布状况

濮阳市耕层土壤有机质含量主要集中在10～20克/千克，大于30克/千克的土壤样品只有1个，而小于6克/千克土壤样品没有，所以在按省统一分级标准分级后，又根据濮阳市有机质含量状况对分级标准进行了细化，详见表3-8和表3-9。

表3-8　濮阳市耕层土壤有机质各级别分布状况（省分级标准）

有机质分级	分级标准	平均值 （克/千克）	样品个数	占总样品数的 （%）	代表面积 （公顷）
1级	≥30	33.4	1	0.01	25.40
2级	20～30	21.7	280	4.10	10 413.93
3级	15～20	16.8	2 104	30.77	78 155.26
4级	10～15	12.7	4 020	58.79	149 325.57
5级	6～10	9.02	433	6.33	16 078.09
6级	<6	0	0	0.00	25.40
平均值/合计		14.1	6 838	100	253 998.25

表 3 - 9　濮阳市耕层土壤有机质各级别分布状况（细化分级标准）

有机质分级	分级标准	平均值 （克/千克）	样品个数	占总样品数的 （%）	代表面积 （公顷）
1 级	≥22	23.6	103	1.51	3 835.37
2 级	19~22	20.0	375	5.48	13 919.10
3 级	16~19	17.0	1 183	17.30	43 941.70
4 级	13~16	14.3	2 651	38.77	98 475.12
5 级	10~13	11.7	2 093	30.61	77 748.86
6 级	<10	9.00	433	6.33	16 078.09
平均值/合计		14.1	6 838	100	253 998.25

按省有机质养分分级标准，濮阳市土壤有机质含量在 10~20 克/千克的占 89.56%，代表面积 227 480.83 公顷，大于 20 克/千克的只占 4.11%，代表面积 10 439.33 公顷。

分级标准细化后，濮阳市土壤有机质在 13~16 克/千克的占 38.77%，代表面积 98 475.12 公顷；其次是 10~13 克/千克的占 30.61%，代表面积 77 748.86 公顷；养分含量为 16~19 克/千克的占 17.30%，代表面积 43 941.70 公顷；而大于 19 克/千克的只有 478 个，占总样品数的 6.99%，代表面积 17 754.47 公顷。从有机质含量分布状况看，濮阳市土壤有机质含量处于中等水平，有待于通过各种耕作施肥措施得以提高（附图 6、附图 7）。

第三节　氮磷钾

一、氮

土壤全氮含量指标不仅能体现土壤氮素的基础肥力，而且还能反映土壤潜在肥力的高低，即土壤的供氮潜力。根据调查分析结果，全市耕层土壤全氮含量平均为 0.87 克/千克，变化范围 0.31~1.69 克/千克，标准差 0.1753，变异系数 20.17%。1985 年第二次土壤普查平均含量 0.55 克/千克，增加了 0.32 克/千克。

（一）不同地力等级耕层土壤全氮含量及分布面积

耕层土壤全氮含量随地力等级的升高而增加，各级别含量见表 3 - 10。

表 3 - 10　各地力等级耕层土壤全氮含量及分布面积

级别	1 等地	2 等地	3 等地	4 等地	5 等地
含量（克/千克）	1.08	0.93	0.87	0.83	0.71
面积（公顷）	9 553.01	80 380.92	62 658.95	80 552.87	20 852.50
占总耕地（%）	3.76	31.65	24.67	31.71	8.21

（二）不同土壤类型全氮含量

不同土壤类型全氮含量差异较小，氯化物盐化碱土含量最高，脱潮砂土含量最低，各土壤类型全氮含量见表 3-11。

表 3-11　濮阳市不同土壤类型氮素含量

土属名称	平均值 （克/千克）	最大值 （克/千克）	最小值 （克/千克）	标准偏差	变异系数 （%）
草甸半固定风砂土	0.76	0.97	0.54	0.1064	10.99
草甸固定风砂土	0.77	1.15	0.54	0.1273	11.10
碱潮壤土	0.88	1.30	0.58	0.1076	8.30
硫酸盐潮土	0.83	0.84	0.81	0.0212	2.52
氯化物潮土	0.90	1.37	0.78	0.1408	10.28
氯化物盐化碱土	1.03	1.17	0.93	0.0960	8.22
湿潮壤土	1.02	1.19	0.42	0.1407	11.79
湿潮黏土	0.97	1.28	0.81	0.1146	8.98
石灰性潮壤土	0.88	1.69	0.31	0.1573	9.32
石灰性潮砂土	0.77	1.47	0.33	0.1663	11.29
石灰性潮黏土	1.01	1.65	0.39	0.1837	11.13
脱潮壤土	0.79	1.34	0.40	0.1009	7.53
脱潮砂土	0.71	0.97	0.43	0.1095	11.32
淤潮黏土	0.96	1.47	0.75	0.1676	11.41

（三）不同土壤质地全氮含量

不同质地耕层土壤全氮含量排列顺序分别为：中黏土 > 重壤土 > 轻黏土 > 重黏土 > 中壤土 > 轻壤土 > 砂壤土 > 紧砂土 > 松砂土。各质地土壤全氮平均含量见表 3-12。

表 3-12　不同土壤质地氮素含量　　　　　　　　单位：克/千克

质地	紧砂土	轻黏土	轻壤土	砂壤土	松砂土	中黏土	中壤土	重黏土	重壤土
平均值	0.70	0.98	0.83	0.80	0.64	1.03	0.90	0.92	0.99

（四）耕层土壤全氮含量及面积分布

按省分级标准，濮阳市参评的 6 838 个土壤样品中（表 3-13），全氮含量在 0.75～1 克/千克的样品数最多，有 3 945 个，占总样品数的 57.69%，代表面积 146 537.45 公顷。其次是 0.5～0.75 克/千克的样品有 1 466 个，占总样品数的 21.44%，代表面积 54 454.73 公顷。全氮含量大于 1 克/千克的样品有 1 362 个，占总样品数的 19.92%，代表面积 50 591.64 公顷。濮阳市全氮含量处于中等水平（附图 8）。

87

表 3 - 13　濮阳市耕层土壤全氮含量各级别分布情况

全氮分级	分级标准	平均值 （克/千克）	样品个数 （个）	占总样品的 （%）	代表面积 （公顷）
1 级	≥1.5	1.56	11	0.16	408.60
2 级	1.25 ~ 1.5	1.33	196	2.87	7 280.44
3 级	1 ~ 1.25	1.10	1 155	16.89	42 902.60
4 级	0.75 ~ 1	0.86	3 945	57.69	146 537.45
5 级	0.5 ~ 0.75	0.66	1 466	21.44	54 454.73
6 级	<0.5	0.45	65	0.95	2 414.43
平均值/合计		0.87	6 838	100	253 998.25

二、磷

土壤中的磷一般以无机态磷和有机态磷形式存在，通常有机态磷占全磷量的 35% 左右，无机态磷占全磷量的 65% 左右。无机态磷中易溶性磷酸盐和土壤胶体中吸附的磷酸根离子，以及有机形态磷中易矿化的部分，被视为有效磷，约占土壤全磷含量的 10%。有效磷含量是衡量土壤养分含量和供应强度的重要指标。根据本次参评的 6 838 个土壤样品含磷情况分析，全市耕层土壤有效磷含量平均为 19.5 毫克/千克，变化范围 4.2 ~ 64.1 毫克/千克，标准偏差 9.0745，变异系数 46.60%。

（一）不同地力等级耕层土壤有效磷含量及分布面积

濮阳市耕层土壤有效磷一等地平均含量为 33.8 毫克/千克，二等地次之，一等地较五等地相差 18.8 毫克/千克，详见表 3 - 14。

表 3 - 14　各地力等级耕层土壤有效磷含量及分布面积

级别	1 等地	2 等地	3 等地	4 等地	5 等地
含量（毫克/千克）	33.8	20.5	19.6	16.9	15.0
面积（公顷）	9 553.01	80 380.92	62 658.95	80 552.87	20 852.50
占总耕地（%）	3.76	31.65	24.67	31.71	8.21

（二）不同土壤类型有效磷含量状况

不同土壤类型由于受土壤母质、种植制度、作物施肥状况不同的影响，有效磷含量有较大差异。濮阳市土壤有效磷含量最高的是湿潮壤土为 43.4 毫克/千克，其次是湿潮黏土和淤潮黏土，有效磷含量分别为 32.6 毫克/千克和 26.4 毫克/千克，含量最低的是脱潮砂土为 14.2 毫克/千克（表 3 - 15）。

表 3 - 15　濮阳市不同土壤类型耕层有效磷含量

省土属名称	平均值 （毫克/千克）	最大值 （毫克/千克）	最小值 （毫克/千克）	标准偏差	变异系数 （%）
草甸半固定风砂土	15.3	29.0	8.8	5.0860	33.33
草甸固定风砂土	18.3	39.0	8.3	8.7630	47.88
碱潮壤土	18.2	56.8	4.9	8.7130	47.90
硫酸盐潮土	14.4	14.5	14.3	0.1410	0.98

（续表）

省土属名称	平均值 （毫克/千克）	最大值 （毫克/千克）	最小值 （毫克/千克）	标准偏差	变异系数 （%）
氯化物潮土	15.7	46.2	7.5	6.3720	40.57
氯化物盐化碱土	20.6	31.4	11.2	8.0250	39.04
湿潮壤土	43.4	56.7	13.9	11.3210	26.11
湿潮黏土	32.6	56.3	13.9	11.0220	33.85
石灰性潮壤土	19.7	60.4	4.5	9.1550	46.43
石灰性潮砂土	18.0	55.6	4.2	8.0050	44.55
石灰性潮黏土	23.5	58.5	5.1	10.3180	43.86
脱潮壤土	15.8	33.0	7.3	3.9270	24.87
脱潮砂土	14.2	26.8	7.3	2.8410	19.95
淤潮黏土	26.4	64.1	12.1	12.0340	45.66

（三）不同土壤质地有效磷含量状况

土壤质地是影响耕层土壤磷素有效性的重要因素之一，耕层质地间的差异造成有效磷含量的不同，土壤有效磷较高的是重黏土和重壤土，分别为29.1毫克/千克和25.5毫克/千克；其次是中黏土含量为25.3毫克/千克；有效磷含量最低的是紧砂土，仅为16.2毫克/千克。濮阳市不同土壤质地有效磷平均含量详见表3-16。

表3-16　濮阳市不同土壤质地有效磷含量　　　　　　　　　单位：毫克/千克

质地	紧砂土	轻黏土	轻壤土	砂壤土	松砂土	中黏土	中壤土	重黏土	重壤土
平均值	16.2	21.4	18.0	17.2	21.4	25.3	19.9	29.1	25.5

（四）耕层土壤有效磷含量及面积分布

按省分级标准（表3-17），濮阳市土壤有效磷含量大多分布在10~20毫克/千克，土壤样品4 355个，占总样品数的63.69%，大于20毫克/千克的土壤样品有2 249个，占参评样品总数的32.90%，小于10毫克/千克的有234个，占总样品数的3.42%，说明濮阳市土壤有效磷含量居中上等水平（附图9）。

表3-17　濮阳市耕层土壤有效磷含量分布及面积

有效磷分级	分级标准	平均值 （毫克/千克）	样品个数 （个）	占总样品的 （%）	代表面积 （公顷）
1级	≥40	46.7	343	5.02	12 740.77
2级	25~40	30.8	968	14.16	35 956.46
3级	20~25	22.2	938	13.72	34 842.11
4级	15~20	17.1	1 959	28.65	72 767.27
5级	10~15	12.9	2 396	35.04	88 999.68
6级	<10	8.5	234	3.42	8 691.96
平均值/合计		19.9	6 838	100	253 998.25

三、钾

土壤中的钾素主要来源于土壤中的含钾矿物，钾的存在形态有矿物结构钾、非交换态钾（难交换态钾）和水溶性及交换性钾。矿物结构钾植物难以吸收，又称无效钾；非交换态钾（难交换态钾）是钾的储备库，又称缓效钾；水溶性和交换性钾统称速效钾，其中水溶性钾很少，交换性钾可占速效钾总量的95%以上。钾在土壤中移动性大，易流失。随着复种指数、单位产量和氮磷用量的提高，施用钾肥已成为稳产、高产和优质的重要措施之一。

（一）速效钾

濮阳市耕层土壤速效钾含量平均为102毫克/千克，变化范围42～251毫克/千克，标准差31.1840，变异系数30.64%。与1985年第二次土壤普查134毫克/千克相比，减少了32毫克/千克。

1. 不同地力等级耕层土壤速效钾含量及分布面积

土壤速效钾含量随耕地地力的下降而降低，一等地平均含量为133毫克/千克，与五等地平均含量79毫克/千克，高出54毫克/千克（表3－18）。

表3－18　各地力等级耕层土壤速效钾含量

级别	1等地	2等地	3等地	4等地	5等地
含量（毫克/千克）	133	111	98	97	79
面积（公顷）	9 553.01	80 380.92	62 658.95	80 552.87	20 852.50
占总耕地（%）	3.76	31.65	24.67	31.71	8.21

2. 不同土壤类型耕层土壤速效钾含量

土壤类型不同速效钾含量也有所不同，濮阳市耕层土壤速效钾含量属黏土类最高，壤土次之，最低的是砂性土，详见表3－19。

表3－19　不同土壤类型耕层土壤速效钾含量

省土属名称	平均值（毫克/千克）	最大值（毫克/千克）	最小值（毫克/千克）	标准偏差	变异系数（%）
草甸半固定风砂土	92	164	57	27.6976	30.06
草甸固定风砂土	67	111	42	18.9363	28.25
碱潮壤土	104	208	60	21.4752	20.63
硫酸盐潮土	84	87	80	4.9497	5.93
氯化物潮土	112	224	74	39.1129	35.05
氯化物盐化碱土	89	106	80	9.7277	10.88
湿潮壤土	102	229	69	32.0741	31.54
湿潮黏土	114	182	72	26.6971	23.49
石灰性潮壤土	104	227	49	27.2259	26.16
石灰性潮砂土	88	221	45	30.0716	34.32
石灰性潮黏土	125	251	61	35.2371	28.24
脱潮壤土	88	178	45	17.8562	20.35
脱潮砂土	73	127	45	16.7567	22.93
淤潮黏土	100	131	63	14.1653	14.16

3. 不同土壤质地耕层土壤速效钾含量

不同质地耕层土壤速效钾含量差异较大，濮阳市中黏土速效钾含量 134 毫克/千克，比紧砂土速效钾含量 75 毫克/千克，高出 59 毫克/千克。具体排序见表 3 - 20。

表 3 - 20　不同土壤质地速效钾含量　　　　　　　　单位：毫克/千克

质地	紧砂土	轻黏土	轻壤土	砂壤土	松砂土	中黏土	中壤土	重黏土	重壤土
平均值	75	118	96	90	87	134	105	92	112

4. 耕层土壤速效钾含量与面积分布

按省统一分级标准（表 3 - 21），濮阳市土壤速效钾含量大多集中在 50 ~ 120 毫克/千克，占总样品数的 77.92%，代表面积 197 909.14 公顷；速效钾含量大于 120 毫克/千克的只占 21.68%，代表面积 55 049.05 公顷。说明濮阳市土壤速效钾含量水平居于中下等水平，需加大秸秆还田力度，增施钾肥，以提高土壤速效钾含量（附图 10）。

表 3 - 21　耕层土壤速效钾含量各级别面积

速效钾分级	分级标准	平均值 （毫克/千克）	样品个数 （个）	占总样品数的 （%）	代表面积 （公顷）
1 级	≥150	179	540	7.90	20 058.36
2 级	120 ~ 150	131	942	13.78	34 990.69
3 级	100 ~ 120	108	1 532	22.40	56 906.31
4 级	80 ~ 100	90	2 285	33.42	84 876.57
5 级	50 ~ 80	69	1 510	22.10	56 126.26
6 级	<50	47	28	0.41	1 040.06
平均值/合计		102	6 838	100	253 998.25

（二）缓效钾

濮阳市耕层土壤缓效钾含量平均为 741 毫克/千克，变化范围 358 ~ 1 259 毫克/千克，标准差 150.786，变异系数 20.352%。

1. 不同地力等级耕层土壤缓效钾含量及分布面积

土壤缓效钾含量与地力等级息息相关，随地力的升高而增加（表 3 - 22）。

表 3 - 22　各地力等级耕层土壤缓效钾含量

级别	1 等地	2 等地	3 等地	4 等地	5 等地
含量（毫克/千克）	834	797	752	704	610
面积（公顷）	9 553.01	80 380.92	62 658.95	80 552.87	20 852.50
占总耕地（%）	3.76	31.65	24.67	31.71	8.21

2. 不同土壤类型耕层土壤缓效钾含量

不同土壤类型缓效钾含量差异不大，详见表 3 - 23。

表 3 - 23　不同土壤类型耕层土壤缓效钾含量

省土属名称	平均值 （毫克/千克）	最大值 （毫克/千克）	最小值 （毫克/千克）	标准偏差	变异系数 （%）
草甸半固定风砂土	726	953	617	97.2 255	13.38
草甸固定风砂土	799	949	617	132.6592	18.26
碱潮壤土	713	944	455	104.0650	14.33
硫酸盐潮土	712	715	708	4.9497	0.68
氯化物潮土	713	983	496	113.0361	15.56
氯化物盐化碱土	690	768	586	51.8257	7.13
湿潮壤土	820	890	745	29.2715	4.03
湿潮黏土	840	984	732	66.6276	9.17
石灰性潮壤土	784	1 244	402	140.5748	19.35
石灰性潮砂土	632	1 180	390	149.6414	20.60
石灰性潮黏土	830	1 259	467	107.6300	14.82
脱潮壤土	677	1 200	424	113.7995	15.67
脱潮砂土	552	1 017	358	121.8363	16.77
淤潮黏土	721	1 005	492	129.9409	17.89

3. 不同土壤质地耕层土壤缓效钾含量

不同质地耕层土壤缓效钾含量差异较大，濮阳市中黏土缓效钾含量 841 毫克/千克，比紧砂土缓效钾含量 583 毫克/千克，高出 258 毫克/千克。具体排序见表 3 - 24。

表 3 - 24　不同土壤质地缓效钾含量　　　　　单位：毫克/千克

质地	紧砂土	轻黏土	轻壤土	砂壤土	松砂土	中黏土	中壤土	重黏土	重壤土
平均值	583	821	737	647	628	841	771	760	793

4. 耕层土壤缓效钾含量与面积分布

按省级分级标准（表 3 - 25），濮阳市土壤缓效钾含量大多集中在 500 ~ 750 毫克/千克，占总样品数的 46.59%，其次是 750 ~ 900 毫克/千克的占 32.36%，缓效钾含量大于 900 的占 14.71%，小于 500 的只占 6.33%。说明濮阳市土壤缓效钾含量水平居于中上等水平，钾的储备量还是很丰富的（附图 11）。

表 3 - 25　耕层土壤缓效钾含量分布及面积

缓效钾分级	分级标准	平均值 （毫克/千克）	样品个数 （个）	占总样品数的 （%）	代表面积 （公顷）
1 级	≥1 500	0	0	0.00	0.00
2 级	1 200 ~ 1 500	1 234	5	0.07	185.42
3 级	900 ~ 1 200	972	1 001	14.64	37 182.80
4 级	750 ~ 900	825	2 213	32.36	82 201.45
5 级	500 ~ 750	648	3 186	46.59	118 345.40
6 级	<500	454	433	6.33	16 083.17
平均值/合计		741	6 838	100	253 998.25

第四节　中量元素

通常有机质较丰富的土壤和石灰性土壤含硫量较高，但土壤中的硫以有机态为主，无机态硫含量较少，有机态硫须经微生物分解转化为硫酸盐后方可为植物吸收利用。一般情况下，有效硫含量指土壤中能为作物吸收利用的硫元素的量，它包括易溶于水的或吸附于土粒表面的硫酸盐，以及有机硫中易分解的部分，低于 10 毫克/千克时则需施用硫肥。

濮阳市耕层土壤有效硫平均含量为 18.41 毫克/千克，变化范围为 1.70～82.60 毫克/千克，标准差 9.5882，变异系数 52.08%。

一、不同地力等级耕层土壤有效硫含量及面积分布

不同地力等级土壤有效硫有较大差别，随耕地地力等级的下降而降低，详见表 3 – 26。

表 3 – 26　各地力等级耕层土壤有效硫含量及分布面积

级别	1 等地	2 等地	3 等地	4 等地	5 等地
含量（毫克/千克）	21.35	19.62	18.83	16.99	15.30
面积（公顷）	9 553.01	80 380.92	62 658.95	80 552.87	20 852.50
占总耕地（%）	3.76	31.65	24.67	31.71	8.21

二、不同土壤质地耕层土壤有效硫含量

根据这次耕地地力评价调查分析，耕层土壤有效硫含量与土壤质地有一定相关性，黏性土大于壤土，壤土大于砂性土，其排序情况见表 3 – 27（松砂土参评土样 5 个，样点少缺少代表性，含量高不符合规律）。

表 3 – 27　不同土壤质地耕层土壤有效硫含量　　　　　　　单位：毫克/千克

质地	紧砂土	轻黏土	轻壤土	砂壤土	松砂土	中黏土	中壤土	重黏土	重壤土
平均值	14.73	19.14	17.51	16.88	24.24	20.85	19.61	21.10	23.32

三、不同土壤类型耕层有效硫含量

不同土壤类型有效硫含量有差异，硫酸盐潮土含量最高平均为 30.50 毫克/千克，其次是湿潮黏土平均含量为 26.69 毫克/千克，含量最低的是脱潮砂土为 10.50 毫克/千克，壤土类居中。详见表 3 – 28。

表 3 – 28 不同土壤类型耕层有效硫含量

省土属名称	平均值（毫克/千克）	最大值（毫克/千克）	最小值（毫克/千克）	标准偏差	变异系数（%）
草甸半固定风砂土	16.86	19.70	13.20	3.1187	18.50
草甸固定风砂土	18.34	36.40	1.70	9.8376	53.63
碱潮壤土	23.41	47.80	2.20	9.0839	38.80
硫酸盐潮土	30.50	31.40	29.60	1.2728	4.17
氯化物潮土	22.10	34.00	2.20	10.6259	48.08
氯化物盐化碱土	25.87	30.30	22.00	2.4355	9.42
湿潮壤土	20.70	32.80	2.50	9.6356	46.56
湿潮黏土	26.69	50.70	2.50	9.3674	35.10
石灰性潮壤土	19.12	82.60	1.80	10.9708	57.38
石灰性潮砂土	17.22	47.70	2.10	5.2026	30.21
石灰性潮黏土	20.31	43.30	2.20	5.6869	28.00
脱潮壤土	15.39	52.40	1.70	11.3915	74.02
脱潮砂土	10.50	33.50	1.90	7.5552	71.98
淤潮黏土	20.61	21.10	19.70	0.6729	3.27

四、耕层土壤有效硫含量与面积分布

濮阳市属石灰性土壤，土壤偏碱性，土壤有效硫含量偏低，最大值为 82.60 毫克/千克，按省统一分级标准大于 100 毫克/千克的 1～2 级没有，所以在按省分级标准分级后，又根据濮阳市土壤有效硫含量状况对分级标准进行了细化，详见表 3 – 29 和表 3 – 30（附图 12、附图 13）。

表 3 – 29 耕层土壤有效硫含量各级别面积（省分级标准）

有效铁分级	分级标准	平均值（毫克/千克）	样品个数（个）	占总样品数的（%）	代表面积（公顷）
1 级	≥200	0.00	0	0.00	0.00
2 级	100～200	0.00	0	0.00	0.00
3 级	50～100	57.94	28	0.41	1 040.12
4 级	25～50	29.66	1 657	24.23	61 548.96
5 级	12～25	18.75	3 536	51.71	131 346.21
6 级	<12	5.47	1 617	23.65	60 062.97
平均值/合计		18.41	6 838	100	253 998.25

表 3－30　耕层土壤有效硫含量各级别面积（细化分级标准）

有效铁分级	分级标准	平均值 （毫克/千克）	样品个数 （个）	占总样品数的 （%）	代表面积 （公顷）
1 级	≥30	35.75	582	8.51	21 615.25
2 级	25～30	27.16	1 103	16.13	40 969.92
3 级	20～25	21.88	1 661	24.29	61 696.17
4 级	15～20	18.51	975	14.26	36 220.15
5 级	10～15	12.78	1 143	16.72	42 468.51
6 级	<10	4.48	1 374	20.09	51 028.25
平均值/合计		18.41	6 838	100	253 998.25

濮阳市耕层土壤有效硫含量大于 30 毫克/千克的占 8.51%；含量 20～30 毫克/千克的占 40.42%，含量 10～20 毫克/千克的占 30.98%；低于 10 毫克/千克的占 20.09%。土壤有效硫临界值为 10 毫克/千克，濮阳市土壤含硫量偏低，在种植对硫元素敏感的作物时要注意补施硫肥。

第五节　微量元素

土壤中微量元素有效含量也在一定程度上制约土壤肥力，因此，土壤微量元素的分析测定，为合理施肥培肥地力提供了科学依据。

一、土壤有效锌

（一）不同地力等级耕层土壤有效锌含量及分布面积

濮阳市耕层土壤有效锌含量平均为 1.59 毫克/千克，变化范围 0.14～8.46 毫克/千克，标准差 1.0028，变异系数 63.10%。各地力等级含量及面积见表 3－31。

表 3－31　各地力等及耕层土壤有效锌含量及分布面积

级别	1 等地	2 等地	3 等地	4 等地	5 等地
含量（毫克/千克）	1.74	1.60	1.37	1.72	1.57
面积（公顷）	9 553.01	80 380.92	62 658.95	80 552.87	20 852.50
占总耕地（%）	3.76	31.65	24.67	31.71	8.21

（二）不同土壤质地有效锌含量

濮阳市不同土壤质地土壤有效锌含量是黏土大于壤土，壤土大于砂性土。含量最高的中黏土比含量最低的紧砂土高 1.02 毫克/千克，详见表 3－32。

表 3－32　不同土壤质地耕层有效锌含量　　　　　　　　单位：毫克/千克

质地	紧砂土	轻黏土	轻壤土	砂壤土	松砂土	中黏土	中壤土	重黏土	重壤土
平均值	1.17	1.80	1.61	1.45	1.63	2.19	1.47	1.24	1.61

(三) 不同土壤类型有效锌含量

土壤有效锌含量高低与土壤类型有一定关系，濮阳市土壤有效锌含量属淤潮黏土最高，为 2.05 毫克/千克，最低的是草甸半固定风砂土 0.67 毫克/千克，总体趋势黏性土大于壤土，壤土大于砂性土（表 3 - 33）。

表 3 - 33　不同土壤类型耕层有效锌含量

省土属名称	平均值 （毫克/千克）	最大值 （毫克/千克）	最小值 （毫克/千克）	标准偏差	变异系数 （%）
草甸半固定风砂土	0.67	1.23	0.40	0.2280	34.29
草甸固定风砂土	0.98	1.56	0.31	0.3720	37.89
碱潮壤土	1.93	7.25	0.89	1.1670	60.46
硫酸盐潮土	1.52	1.52	1.52	0.0000	0.00
氯化物潮土	1.51	3.12	0.84	0.4470	29.65
氯化物盐化碱土	1.42	2.12	0.93	0.4160	29.31
湿潮壤土	1.28	1.87	1.03	0.3060	23.85
湿潮黏土	1.54	2.00	1.02	0.2700	17.57
石灰性潮壤土	1.68	8.46	0.14	1.1570	69.01
石灰性潮砂土	1.43	7.25	0.35	0.8280	57.92
石灰性潮黏土	1.92	7.91	0.25	1.0920	56.76
脱潮壤土	1.15	2.55	0.34	0.3090	26.82
脱潮砂土	1.18	1.79	0.58	0.2140	18.07
淤潮黏土	2.05	4.53	0.73	0.9980	48.68

(四) 耕层土壤有效锌含量与面积分布

按省统一分级标准，濮阳市土壤有效锌含量在 1~1.5 毫克/千克的占 45.99%，其次是 1.5~3 毫克/千克的占 29.22%，大于 3 毫克/千克的占 7.91%，小于 0.5 毫克/千克的占 2.19%。整体来说濮阳市土壤不缺锌，但对于锌敏感的作物如玉米，可适量增施锌肥。濮阳市土壤有效锌含量分布及面积详见表 3 - 34（附图 14）。

表 3 - 34　耕层土壤有效锌含量分布及面积

有效锌分级	分级标准	平均值 （毫克/千克）	样品个数 （个）	占总样品数的 （%）	代表面积 （公顷）
1 级	≥3	4.49	541	7.91	20 096.34
2 级	1.5~3	1.84	1 998	29.22	74 215.61
3 级	1~1.5	1.24	3 145	45.99	116 821.02
4 级	0.5~1	0.81	1 004	14.68	37 294.56
5 级	0.3~0.5	0.43	130	1.90	4 828.51
6 级	<0.3	0.24	20	0.29	742.21
平均值/合计		1.59	6 838	100	253 998.25

二、土壤有效锰

耕层土壤有效锰平均含量为 11.31 毫克/千克，变化范围 0.50~35.35 毫克/千克，标准偏差 4.1646，变异系数 36.83%。

（一）不同地力等级耕层土壤有效锰含量及分布面积

土壤有效锰含量与土壤肥力等级相关性不大，详见表 3 - 35。

表 3 - 35 各地力等级耕层土壤有效锰含量及分布面积

级别	1 等地	2 等地	3 等地	4 等地	4 等地	5 等地
含量（毫克/千克）	12.05	11.41	10.80	11.66	11.66	10.80
面积（公顷）	9 553.01	80 380.92	62 658.95	80 552.87	20 852.50	9 553.01
占总耕地（%）	3.76	31.65	24.67	31.71	31.71	8.21

（二）不同土壤质地有效锰含量

耕层土壤有效锰不同土壤质地间含量差异较小，其排序见表 3 - 36。

表 3 - 36 不同土壤质地耕层有效锰含量   单位：毫克/千克

质地	紧砂土	轻黏土	轻壤土	砂壤土	松砂土	中黏土	中壤土	重黏土	重壤土
平均值	10.22	11.62	10.61	11.03	13.18	11.91	11.82	12.19	15.03

（三）不同土壤类型耕层有效锰含量

土壤有效锰含量与土壤类型没相关性，濮阳市不同土壤类型有效锰含量见表 3 - 37。

表 3 - 37 不同土壤类型耕层有效锰含量

省土属名称	平均值 （毫克/千克）	最大值 （毫克/千克）	最小值 （毫克/千克）	标准偏差	变异系数 （%）
草甸半固定风砂土	5.90	9.40	2.52	1.8426	31.25
草甸固定风砂土	13.67	21.53	3.10	6.5057	47.61
碱潮壤土	14.30	23.82	8.30	3.1443	21.98
硫酸盐潮土	17.13	17.20	17.05	0.1061	0.62
氯化物潮土	14.82	21.75	9.18	2.6699	18.02
氯化物盐化碱土	17.13	21.22	13.03	3.0008	17.52
湿潮壤土	8.84	13.18	3.36	2.8101	31.80
湿潮黏土	12.51	20.17	7.10	3.8056	30.41
石灰性潮壤土	11.24	35.35	1.06	4.4558	39.66
石灰性潮砂土	10.32	22.84	0.68	4.0212	38.96
石灰性潮黏土	12.22	23.92	1.43	3.6268	29.68
脱潮壤土	10.06	23.67	0.50	3.5281	35.08
脱潮砂土	11.50	23.44	4.46	3.9869	34.68
淤潮黏土	13.02	21.69	5.46	3.5551	27.31

（四）耕层土壤有效锰含量分布及面积

根据省定养分分级标准（表 3 - 38），濮阳市耕层土壤有效锰含量在 10 ~ 15 毫克/千克 的占 44.81%，其次是 5 ~ 10 毫克/千克 的占 34.00%，大于 20 毫克/千克 的占 4.69%，小于 5 毫克/千克的占 5.21%。濮阳市 87.55% 土壤有效锰含量的高于临界值（7 毫克/千克），说明濮阳市耕层土壤中有效锰含量属中上等水平（附图 15）。

97

表 3 - 38　耕层土壤有效锰各级别面积

有效锰分级	分级标准	平均值 (毫克/千克)	样品个数 (个)	占总样品数的 (%)	代表面积 (公顷)
1 级	≥30	33.65	3	0.04	111.76
2 级	20~30	21.46	318	4.65	11 815.46
3 级	15~20	17.43	772	11.29	28 676.40
4 级	10~15	11.92	3 064	44.81	113 811.58
5 级	5~10	8.21	2 325	34.00	86 359.91
6 级	<5	3.72	356	5.21	13 223.15
平均值/合计		11.31	6 838	100	253 998.25

三、土壤有效铜

耕层土壤有效铜平均含量为 1.12 毫克/千克，变化范围为 0.13~7.61 毫克/千克，标准差 0.4427，变异系数 39.69%。

（一）不同地力等级耕层土壤有效铜含量及面积分布

根据这次耕地地力评价调查分析，不同地力等级耕层土壤有效铜含量有一定差异，其排序情况见表 3 - 39。

表 3 - 39　各地力等级耕层土壤有效铜含量及分布面积

级别	1 等地	2 等地	3 等地	4 等地	5 等地
含量（毫克/千克）	1.32	1.23	1.04	1.05	0.97
面积（公顷）	9 553.01	80 380.92	62 658.95	80 552.87	20 852.50
占总耕地（%）	3.76	31.65	24.67	31.71	8.21

（二）不同土壤质地耕层土壤有效铜含量

根据这次耕地地力评价调查分析，不同土壤质地耕层土壤有效铜含量差异不大，其排序情况见表 3 - 40。

表 3 - 40　不同土壤质地耕层土壤有效铜含量　　单位：毫克/千克

质地	紧砂土	轻黏土	轻壤土	砂壤土	松砂土	中黏土	中壤土	重黏土	重壤土
平均值	0.94	1.42	1.03	0.97	1.60	1.32	1.16	1.10	1.23

（三）不同土壤类型耕层有效铜含量

有效铜含量与土壤类型有一定的关系，黏土含量较高，砂性土含量较低，壤土居中，详见表 3 - 41。

表 3 - 41　不同土壤类型耕层有效铜含量

省土属名称	平均值 (毫克/千克)	最大值 (毫克/千克)	最小值 (毫克/千克)	标准偏差	变异系数 (%)
草甸半固定风砂土	0.56	0.92	0.25	0.1734	30.77
草甸固定风砂土	0.94	1.26	0.53	0.1854	19.81
碱潮壤土	1.13	3.86	0.51	0.3482	30.85
硫酸盐潮土	0.97	0.97	0.97	0.0000	0.00

（续表）

省土属名称	平均值 （毫克/千克）	最大值 （毫克/千克）	最小值 （毫克/千克）	标准偏差	变异系数 （%）
氯化物潮土	0.99	1.68	0.54	0.2742	27.58
氯化物盐化碱土	0.96	1.43	0.69	0.2084	21.75
湿潮壤土	1.48	1.92	0.58	0.3353	22.67
湿潮黏土	1.36	1.99	0.56	0.4347	31.88
石灰性潮壤土	1.12	7.61	0.13	0.4824	43.25
石灰性潮砂土	0.99	3.96	0.24	0.3889	39.28
石灰性潮黏土	1.36	2.84	0.26	0.4258	31.21
脱潮壤土	0.99	3.96	0.21	0.3492	35.22
脱潮砂土	0.90	1.64	0.30	0.2059	22.94
淤潮黏土	1.08	1.59	0.56	0.2266	21.08

（四）耕层土壤有效铜含量与面积分布

按省土壤养分分级标准（表3－42），濮阳市有效铜含量在0.5～1毫克/千克的占42.04%，其次是1～1.5毫克/千克的占36.17%，大于1.5毫克/千克占18.69%，小于0.2毫克/千克的占仅占0.13%。一般耕层土壤有效铜含量大于1毫克/千克为丰富，低于0.2毫克/千克为缺乏。此次调查分析表明：濮阳市耕层土壤有效铜含量属中上等水平，一般不需要补施铜肥（附图16）。

表3－42　耕层土壤有效铜含量各级别面积

有效铜分级	分级标准	平均值 （毫克/千克）	样品个数 （个）	占总样品数的 （%）	代表面积 （公顷）
1级	≥1.8	2.10	432	6.32	16 047.61
2级	1.5～1.8	1.64	846	12.37	31 424.12
3级	1～1.5	1.20	2 473	36.17	91 861.01
4级	0.5～1	0.80	2 875	42.04	106 791.02
5级	0.2～0.5	0.41	203	2.97	7 541.21
6级	<0.2	0.15	9	0.13	333.28
平均值/合计		1.12	6 838	100	253 998.25

四、土壤有效铁

耕层土壤有效铁平均含量为5.94毫克/千克，变化范围为0.55～30.15毫克/千克，标准偏差1.8077，变异系数30.42%。

（一）不同地力等级耕层土壤有效铁含量及面积分布

不同地力等级土壤有效铁含量差别不大，详见表3－43。

表 3-43　各地力等级耕层土壤有效铁含量及分布面积

级别	1 等地	2 等地	3 等地	4 等地	5 等地
含量（毫克/千克）	5.72	5.85	5.98	6.10	5.89
面积（公顷）	9 553.01	80 380.92	62 658.95	80 552.87	20 852.50
占总耕地（%）	3.76	31.65	24.67	31.71	8.21

（二）不同土壤质地耕层土壤有效铁含量

根据这次耕地地力评价调查分析，不同土壤质地耕层土壤有效铁含量差异较小，其排序情况见表 3-44。

表 3-44　不同土壤质地耕层土壤有效铁含量　　　　单位：毫克/千克

质地	紧砂土	轻黏土	轻壤土	砂壤土	松砂土	中黏土	中壤土	重黏土	重壤土
平均值	5.85	5.73	6.07	5.89	4.76	6.06	5.93	5.73	5.56

（三）不同土壤类型耕层有效铁含量

不同土壤类型有效铁差异不大，见表 3-45。

表 3-45　不同土壤类型耕层有效铁含量

省土属名称	平均值（毫克/千克）	最大值（毫克/千克）	最小值（毫克/千克）	标准偏差	变异系数（%）
草甸半固定风砂土	5.97	8.11	3.11	1.1966	20.04
草甸固定风砂土	6.00	8.36	5.16	1.0499	17.50
碱潮壤土	6.12	9.62	1.91	1.2154	19.86
硫酸盐潮土	5.28	5.30	5.26	0.0283	0.54
氯化物潮土	6.08	10.29	2.06	1.7724	29.15
氯化物盐化碱土	5.93	7.85	4.33	1.2007	20.25
湿潮壤土	5.31	8.98	4.11	1.1089	20.89
湿潮黏土	4.99	6.97	3.88	0.8366	16.76
石灰性潮壤土	6.00	30.15	0.55	2.1284	35.49
石灰性潮砂土	5.86	17.57	1.04	1.5688	26.75
石灰性潮黏土	5.84	15.01	0.91	1.6184	27.72
脱潮壤土	6.05	16.90	1.77	1.7710	29.30
脱潮砂土	5.72	8.93	2.61	0.8643	15.11
淤潮黏土	6.32	10.88	4.07	1.3510	21.36

（四）耕层土壤有效铁含量与面积分布

根据省土壤养分分级标准（表 3-46），濮阳市耕层土壤有效铁含量主要集中在 4 级，含量 4.5～10 毫克/千克占 85.13%；1、2、3 级含量大于 10 毫克/千克的占 2.91%；5～6 级小于 4.5 毫克/千克的占 11.97%。土壤有效铁临界值指标为 4.50 毫克/千克，濮阳市耕地土壤有效铁含量大多居临界值以上，土壤不缺铁，只是在种植对铁元素敏感的作物时要注意补施铁肥（附图17）。

表3-46　耕层土壤有效铁含量各级别面积

有效铁分级	分级标准	平均值（毫克/千克）	样品个数（个）	占总样品数的（%）	代表面积（公顷）
1级	≥20	22.40	11	0.16	408.94
2级	15~20	16.39	16	0.23	594.36
3级	10~15	11.60	172	2.52	6 388.06
4级	4.5~10	6.04	5 821	85.13	216 221.09
5级	2.5~4.5	3.88	732	10.71	27 190.51
6级	<2.5	1.83	86	1.26	3 195.30
平均值/合计		5.94	6 838	100	253 998.25

五、土壤有效硼

耕层土壤有效硼平均含量为1.03毫克/千克，变化范围为0.18~3.31毫克/千克，标准差0.8747，变异系数84.81%。

（一）不同地力等级耕层土壤有效硼含量及面积分布

不同地力等级土壤有效硼差别较大，随着地力等级的增加土壤有效硼也增大，详情见表3-47。

表3-47　各地力等级耕层土壤有效硼含量及分布面积

级别	1等地	2等地	3等地	4等地	5等地
含量（毫克/千克）	1.54	1.30	1.07	0.74	0.64
面积（公顷）	9 553.01	80 380.92	62 658.95	80 552.87	20 852.50
占总耕地（%）	3.76	31.65	24.67	31.71	8.21

（二）不同土壤质地耕层土壤有效硼含量

根据这次耕地地力评价调查分析，不同土壤质地耕层土壤有效硼含量差异较小，详细情况见表3-48。

表3-48　不同土壤质地耕层土壤有效硼含量　　　　　　　　单位：毫克/千克

质地	紧砂土	轻黏土	轻壤土	砂壤土	松砂土	中黏土	中壤土	重黏土	重壤土
平均值	0.68	1.62	0.93	0.71	2.84	1.15	1.19	0.56	0.99

（三）不同土壤类型耕层有效硼含量

不同土壤类型有效硼差异不大，见表3-49。

101

表 3 - 49　不同土壤类型耕层有效硼含量

省土属名称	平均值 (毫克/千克)	最大值 (毫克/千克)	最小值 (毫克/千克)	标准偏差	相关系数 (%)
草甸半固定风砂土	1.42	2.49	0.34	0.7086	49.94
草甸固定风砂土	0.69	2.32	0.31	0.6052	87.58
碱潮壤土	0.56	2.47	0.28	0.4859	87.50
硫酸盐潮土	0.44	0.44	0.44	0.0000	0.00
氯化物潮土	0.45	2.06	0.18	0.3074	68.53
氯化物盐化碱土	0.37	0.44	0.33	0.0404	10.87
湿潮壤土	1.90	2.77	0.31	0.5786	30.48
湿潮黏土	1.78	2.80	0.24	0.9348	52.56
石灰性潮壤土	1.19	3.22	0.20	0.9207	77.23
石灰性潮砂土	0.78	3.05	0.20	0.7068	90.62
石灰性潮黏土	1.35	3.31	0.20	0.9455	70.10
脱潮壤土	0.77	2.68	0.28	0.7146	92.56
脱潮砂土	0.47	2.68	0.25	0.4079	86.31
淤潮黏土	0.53	2.78	0.24	0.4994	93.45

（四）耕层土壤有效硼含量与面积分布

根据省土壤养分分级标准（表 3 - 50），濮阳市耕层土壤有效硼含量主要集中在两个阶段，一是含量 0.2 ~ 0.5 毫克/千克的占 57.39%，另一个是含量大于 2 毫克/千克的占 24.04%，低于土壤有效硼临界值指标 0.2 毫克/千克的只有 1 个，濮阳市耕层土壤有效硼含量 99.9% 的均在临界值以上，土壤不缺硼，只是在农作物生长发育的关键时期，可叶面喷施硼肥提高作物产量（附图 18）。

表 3 - 50　耕层土壤有效硼含量各级别面积

有效硼分级	分级标准	平均值 (毫克/千克)	样品个数 (个)	占总样品数的 (%)	代表面积 (公顷)
1 级	≥2	2.41	1 644	24.04	61 066.26
2 级	1.5 ~ 2	1.74	490	7.17	18 202.53
3 级	1 ~ 1.5	1.32	372	5.44	13 817.50
4 级	0.5 ~ 1	0.60	407	5.95	15 117.98
5 级	0.2 ~ 0.5	0.38	3 924	57.39	145 756.90
6 级	<0.2	0.18	1	0.01	37.08
平均值/合计		1.03	6 838	100	253 998.25

六、土壤有效钼

耕层土壤有效钼平均含量为 0.38 毫克/千克，变化范围为 0.14 ~ 1.34 毫克/千克，标准偏差 0.2630，变异系数 69.11%。

（一）不同地力等级耕层土壤有效钼含量及面积分布

土壤有效钼含量随着耕地地力的下降而降低，一等地有效钼含量与五等地相比高出

0.24 毫克/千克，详情见表 3 – 51。

表 3 – 51　各地力等级耕层土壤有效钼含量及分布面积

级别	1 等地	2 等地	3 等地	4 等地	5 等地
含量（毫克/千克）	0.52	0.45	0.39	0.30	0.28
面积（公顷）	9 553.01	80 380.92	62 658.95	80 552.87	20 852.50
占总耕地（%）	3.76	31.65	24.67	31.71	8.21

（二）不同土壤质地耕层土壤有效钼含量

根据这次耕地地力评价调查分析，不同土壤质地耕层土壤有效钼含量差异较小，且无序可循，见表 3 – 52。

表 3 – 52　不同土壤质地耕层土壤有效钼含量　　　　　　　单位：毫克/千克

质地	紧砂土	轻黏土	轻壤土	砂壤土	松砂土	中黏土	中壤土	重黏土	重壤土
平均值	0.28	0.55	0.35	0.32	0.62	0.45	0.40	0.26	0.37

（三）不同土壤类型耕层有效钼含量

不同土壤类型有效钼差异不大，见表 3 – 53。

表 3 – 53　不同土壤类型耕层有效钼含量

省土属名称	平均值（毫克/千克）	最大值（毫克/千克）	最小值（毫克/千克）	标准偏差	变异系数（%）
草甸半固定风砂土	0.48	0.74	0.19	0.1914	39.74
草甸固定风砂土	0.27	0.78	0.16	0.1919	69.94
碱潮壤土	0.24	0.89	0.15	0.1566	65.86
硫酸盐潮土	0.22	0.22	0.22	0.0000	0.00
氯化物潮土	0.21	0.65	0.15	0.0903	42.80
氯化物盐化碱土	0.20	0.24	0.15	0.0249	12.30
湿潮壤土	0.81	1.24	0.23	0.2092	25.83
湿潮黏土	0.57	0.86	0.18	0.2383	42.04
石灰性潮壤土	0.41	1.33	0.14	0.2642	64.01
石灰性潮砂土	0.34	1.12	0.14	0.2477	73.81
石灰性潮黏土	0.49	1.34	0.14	0.3024	62.02
脱潮壤土	0.30	0.86	0.16	0.1960	66.38
脱潮砂土	0.22	0.75	0.16	0.1050	47.05
淤潮黏土	0.24	0.78	0.16	0.1264	53.89

（四）耕层土壤有效钼含量与面积分布

按省土壤养分分级标准（表 3 – 54），濮阳市耕层土壤有效钼的含量主要集中在 4～5 级，0.1～0.2 毫克/千克的占 65.28%，1～3 级大于 0.2 毫克/千克的占 34.51%，说明濮阳市土壤有效钼含量处于中下等水平，半数以上的土壤缺钼，生产中可采用钼肥拌种，或在作物生长发育的关键时期叶面喷施钼肥, 以提高农作物产量 (附图19)。

表 3 - 54 耕层土壤有效钼含量各级别面积

有效钼分级	分级标准	平均值 (毫克/千克)	样品个数 (个)	占总样品数的 (%)	代表面积 (公顷)
1 级	≥0.3	0.88	738	10.79	27 413.09
2 级	0.25 ~ 0.3	0.70	1 158	16.93	43 014.04
3 级	0.2 ~ 0.25	0.51	464	6.79	17 235.33
4 级	0.15 ~ 0.2	0.22	2 507	36.66	93 122.79
5 级	0.1 ~ 0.15	0.18	1 957	28.62	72 692.98
6 级	<0.1	0.14	14	0.20	520.03
平均值/合计		0.38	6 838	100	253 998.25

第六节 土壤 pH 值

土壤 pH 值不仅影响作物的生长, 还影响土壤微生物的活性、营养元素的形态和转化, 是较为重要的土壤属性。

此次调查全市测定耕层土壤 pH 值平均为 8.2, 变化范围为 7.5 ~ 8.5, 标准差 0.1455, 变异系数 1.77%。

一、不同土壤质地耕层土壤 pH 值状况

不同土壤质地耕层 pH 值稍有差别, 见表 3 - 55。

表 3 - 55 不同土壤质地耕层土壤 pH 值状况

质地	紧砂土	轻黏土	轻壤土	砂壤土	松砂土	中黏土	中壤土	重黏土	重壤土
平均值	8.3	8.2	8.3	8.3	8.3	8.2	8.2	8.0	8.2

二、不同土壤类型耕层土壤 pH 值状况

不同土壤类型间 pH 值差异不大, 详见表 3 - 56。

表 3 - 56 不同土壤类型耕层土壤 pH 值状况

省土属名称	平均值	最大值	最小值	标准偏差	变异系数
草甸半固定风砂土	8.2	8.3	8.0	0.1007	1.22
草甸固定风砂土	8.3	8.4	7.9	0.1172	1.42
碱潮壤土	8.2	8.4	7.8	0.1296	1.57
硫酸盐潮土	8.4	8.4	8.4	0.0000	0.00
氯化物潮土	8.3	8.4	8.0	0.1099	1.33
氯化物盐化碱土	8.3	8.3	8.2	0.0452	0.55

（续表）

省土属名称	平均值	最大值	最小值	标准偏差	变异系数
湿潮壤土	8.0	8.4	7.8	0.1478	1.86
湿潮黏土	8.1	8.4	7.8	0.1760	2.17
石灰性潮壤土	8.2	8.5	7.7	0.1517	1.84
石灰性潮砂土	8.3	8.5	7.8	0.1158	1.40
石灰性潮黏土	8.2	8.5	7.5	0.1802	2.20
脱潮壤土	8.3	8.5	7.5	0.0906	1.10
脱潮砂土	8.3	8.4	7.9	0.0841	1.02
淤潮黏土	8.1	8.3	7.8	0.1494	1.85

三、耕地土壤 pH 值的分布状况及面积

按照省定土壤 pH 值分级标准，濮阳市土壤 pH 值主要分布在 1～2 级，在 7.5 以下的 3～6 级没有分布，为了更好的描述濮阳市 pH 值分布状况，我们对分级标准进行了细化，详见表 3－57 和表 3－58（附图 20、附图 21）。

表 3-57　耕地土壤 pH 值各级别面积（省分级标准）

pH 值分级	分级标准	平均值	样品个数（个）	占总样品数的（%）	代表面积（公顷）
1 级	≥8.5	8.5	54	0.79	2 006.59
2 级	7.5～8.5	8.2	6 784	99.21	251 991.66
3 级	6.5～7.5	0.0	0	0.00	0.00
4 级	5.5～6.5	0.0	0	0.00	0.00
5 级	4.5～5.5	0.0	0	0.00	0.00
6 级	<4.5	0.0	0	0.00	0.00
平均值/合计		8.2	6 838	100	253 998.25

表 3-58　耕地土壤 pH 值各级别面积（细化后的分级标准）

pH 值分级	分级标准	平均值	样品个数（个）	占总样品数的（%）	代表面积（公顷）
1 级	≥8.4	8.4	1 277	18.68	47 434.30
2 级	8.3～8.4	8.3	2 567	37.54	95 351.49
3 级	8.2～8.3	8.2	1 637	23.94	60 806.54
4 级	8.1～8.2	8.1	494	7.22	18 349.68
5 级	8.0～8.1	8.0	373	5.45	13 855.13
6 级	<8.0	7.9	490	7.17	18 201.10
平均值/合计		8.2	6 838	100	253 998.25

第四章　耕地地力评价方法与程序

第一节　耕地地力评价基本原理与原则

一、基本原理

根据农业部《测土配方施肥技术规范》和《耕地地力评价指南》确定的评价方法，耕地地力是指耕地自然属性要素（包括一些人类生产活动形成和受人类生产活动影响大的因素，如灌溉保证率、排涝能力、轮作制度、梯田化类型与年限等）相互作用所表现出来的潜在生产能力。本次耕地地力评价是以濮阳市全市范围为对象展开的，因此，选择的是以土壤要素为主的潜力评价，采用耕地自然要素评价指数反映耕地潜在生产能力的高低。其关系式如下。

$$IFI = b_1x_1 + b_2x_2 + \cdots\cdots + b_nx_n$$

IFI = 耕地地力指数

b_i = 耕地自然属性分值，选取的参评因素

x_i = 该属性对耕地地力的贡献率（也即权重，用层次分析法求得）

用评价单元数与耕地地力综合指数制作累积频率曲线图，根据单元综合指数的分布频率，采用耕地地力指数累积曲线法划分耕地地力等级，在频率曲线图的突变处划分级别。根据 IFI 的大小，可以了解耕地地力的高低；根据 IFI 的组成，通过分析可以揭示出影响耕地地力的障碍因素及其影响程度。

二、基本原则

本次耕地地力评价所采用的耕地地力概念是指耕地的基础地力，也即由耕地土壤所处的地形、地貌条件、成土母质特征、农田基础设施及培肥水平、土壤理化性状等综合构成的耕地生产力。此类评价揭示的是处于特定范围内（一个完整的县域）、特定气候（一般来说，一个县域内的气候特征是基本相似的）条件下，各类立地条件、剖面性状、土壤理化性状、障碍因素与土壤管理等因素组合下的耕地综合特征和生物生产力的高低，也即潜在生产力。通过深入分析，找出影响耕地地力的主导因素，为耕地改良和管理利用提供依据。基于此，耕地地力评价所遵循的基本原则如下所示。

（一）综合因素与主导因素相结合的原则

耕地是一个自然经济综合体，耕地地力也是各类要素的综合体现。本次耕地地力评价所采用的耕地地力概念是指耕地的基础地力，也即由耕地土壤所处的地形、地貌条件、成土母质特征、农田基础设施及培肥水平、土壤理化性状等综合构成的耕地生产力。所谓综合因素研究，是指对前述耕地立地条件、剖面性状、耕层理化性质、障碍因素和土壤管理水平 5 个方面的因素进行全面的研究、分析与评价，以全面了解耕地地力状况。所谓主导因素，是指

在特定的区域范围内对耕地地力起决定作用的因素，在评价中要着重对其进行研究分析。因此，把综合因素与主导因素结合起来进行评价，既着眼于全市区域范围内的所有耕地类型，也关注对耕地地力影响大的关键指标。以期达到评价结果反映出全市区域内耕地地力的全貌，也能分析特殊耕地地力等级和特定区域内耕地地力的主导因素，可为全市区域耕地资源的利用提供决策依据，又可为低等级耕地的改良提供主攻方向。

(二) 稳定性原则

评价结果在一定的时期内应具有一定的稳定性，能为一定时期内的耕地资源配置和改良提供依据。因此，在指标的选取上必须考虑评价指标的稳定性。

(三) 一致性与共性原则

考虑区域内耕地地力评价结果的可比性，不针对某一特定的利用类型，对于全市区域内全部耕地利用类型，选用统一的共同的评价指标体系。

鉴于耕地地力评价是对全年的生物生产潜力进行评价，因此，评价指标的选择需要考虑全年的各季作物；同时，对某些因素的影响要进行整体和全局的考虑，如灌溉保证率和排涝能力，必须考虑其发挥作用的频率。

(四) 定量和定性相结合的原则

影响耕地地力的土壤自然属性和人为因素（如灌溉保证率、排涝能力等）中，既有数值型的指标，也有概念型的指标。两类指标都根据其对全市区域内的耕地地力影响程度决定取舍。对数据标准化时采用相应的方法。原因是可以全面分析耕地地力的主导因素，为合理利用耕地资源提供决策依据。

(五) 潜在生产力与现实生产力相结合的原则

耕地地力评价是通过多因素分析方法，对耕地潜在生产能力的评价，区别于现实的生产力。但是，同一等级耕地内的较高现实生产能力可作为选择指标和衡量评价结果是否准确的参考依据。

第二节　耕地地力评价技术流程

结合测土配方施肥项目开展全市区域耕地地力评价的主要技术流程有五个环节（图4-2）。

一、建立全市区域耕地资源基础数据库

利用3S技术，收集整理所有相关历史数据和测土配方施肥数据［从农业部统一开发的"测土配方施肥数据管理系统"（图4-1）中获取］，采用与数据类型相适应的、且符合"县域耕地资源管理信息系统"及数据字典要求的技术手段和方法，建立以市为单位的耕地资源基础数据库，包括属性数据库和空间数据库两类。

二、建立耕地地力评价指标体系

所谓耕地地力评价指标体系，包括三部分内容。一是评价指标，即从国家耕地地力评价选取的用于全市的评价指标；二是评价指标的权重和组合权重；三是单指标的隶属度，即每一指标不同表现状态下的分值。单指标权重的确定采用层次分析法，概念型指标采用特尔斐法和模糊评价法建立隶属函数，数值型指标采用特尔斐法和非线性回归法，建立隶属函数。

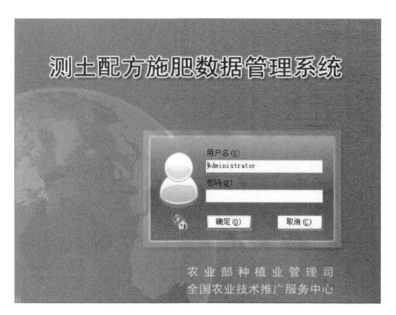

图 4 – 1　测土配方施肥数据管理系统

三、确定评价单元

所谓耕地地力评价单元，就是指潜在生产能力近似且边界封闭具有一定空间范围的耕地。根据耕地地力评价技术规范的要求，此次耕地地力评价单元采用各县级土壤图（到土种级）和土地利用现状图叠加，进行综合取舍和技术处理后形成不同的单元。

用土壤图（土种）和土地利用现状图（含有行政界限）叠加产生的图斑作为耕地地力评价的基本单元，使评价单元空间界线及行政隶属关系明确，单元的位置容易实地确定，同时同一单元的地貌类型及土壤类型一致，利用方式及耕作方法基本相同。可以使评价结果应用于农业布局等农业决策，还可用于指导生产实践，也为测土配方施肥技术的深入普及奠定良好基础。

四、建立县域耕地资源管理信息系统

将第一步建立的各类属性数据和空间数据按照农业部统一提供的"县域耕地资源管理信息系统 4.0 版"的要求，导入该系统内，并建立空间数据库和属性数据库连接，建成濮阳市全市区域耕地资源信息管理系统。依据第二步建立的指标体系，在"县域耕地资源管理信息系统 4.0 版"内，分别建立层次分析权属模型和单因素隶属函数建成的县域耕地资源管理信息系统，作为耕地地力评价的软件平台。

五、评价指标数据标准化与评价单元赋值

根据空间位置关系将单因素图中的评价指标，提取并赋值给评价单元。

六、综合评价

采用隶属函数法对所有评价指标数据进行隶属度计算，利用权重加权求和，计算出每一单元的耕地地力指数，采用耕地地力指数累积曲线法划分耕地地力等级，并纳入到国家耕地

地力等级体系中。

七、撰写耕地地力评价报告

在行政区域和耕地地力等级两类中，分析耕地地力等级与评价指标的关系，找出影响耕地地力等级的主导因素和提高耕地地力的主攻方向，进而提出耕地资源利用的措施和建议。

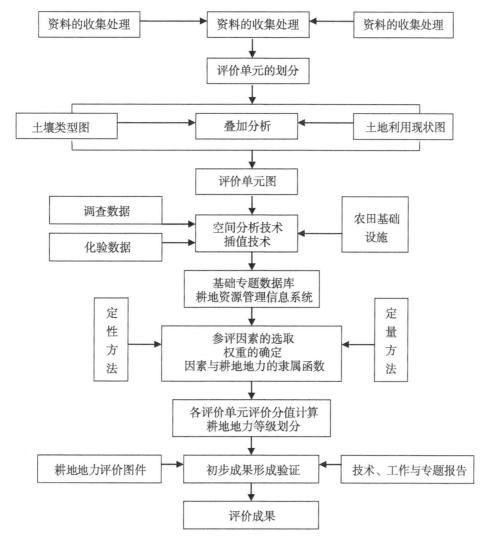

图 4 - 2　耕地地力评价技术路线

第三节　资料收集与整理

一、耕地土壤属性资料

采用全国第二次土壤普查时的土壤分类系统，根据河南省土壤肥料站的统一要求，与全省土壤分类系统进行了对接。本次评价采用全省统一的土种名称。各土种的发生学性状与剖面特征、立地条件、耕层理化性状（不含养分指标）、障碍因素等性状均采用土壤普查时所获得的资料。对一些已发生了变化的指标，采用测土配方施肥项目野外采样的调查资料进行补充修订，如耕层厚度、田面坡度等。基本资料来源于土壤图和土壤普查报告。

二、耕地土壤养分含量

评价所用的耕地耕层土壤养分含量数据均来源于测土配方施肥项目的分析化验数据。分析方法和质量控制依据《测土配方施肥技术规范》进行（表4－1）。

表4－1　分析化验项目与方法

分析项目	分析方法
pH 值	电位法
有机质	油浴加热重铬酸钾氧化－容量法
全氮	凯氏蒸馏法
有效磷	碳酸氢钠提取－钼锑钪比色法
速效钾	乙酸铵提取－火焰光度法
缓效钾	硝酸煮沸－火焰光度法
土壤有效铜、锌、铁、锰	DTPA 浸提－原子吸收光谱法

三、农田水利设施

灌溉分区图、排水分区图，所需的田间工程设施、灌溉模数、排涝模数等数据。统计资料为 2005—2010 年濮阳市水利年鉴（附图 22、附图 23）。

四、社会经济统计资料

以最新行政区划为基本单位的人口、土地面积、作物面积和单产，以及各类投入产出等社会经济指标数据。统计资料为 1988—2000 年濮阳市统计年鉴。

五、基础及专题图件资料

（1）濮阳市土壤图（比例尺 1 : 50 000）（1985 年 7 月，濮阳市土壤普查办公室）　该资料由濮阳市土壤肥料站提供。

（2）濮阳市土地利用现状图（比例尺 1 : 50 000）（濮阳市国土资源管理局绘制）　该资料由濮阳市国土资源管理局提供。

（3）濮阳市行政区划图（比例尺 1 : 50 000）（濮阳市民政局绘制）　该资料由濮阳市民政局提供。

六、野外调查资料

对农户施肥情况调查表、采样点调查表等进行了归纳整理，修订了已发生变化的地貌、地形等相关属性，建立了相关数据库。

七、其他相关资料

（1）濮阳市年鉴（2000 年 12 月，濮阳市史志编纂委员会编制）　该资料由濮阳市史志编纂委员会提供。

（2）濮阳市农牧志（1983 年 9 月，濮阳市农业区划办公室编制）　该资料由濮阳市农业局提供。

（3）濮阳市农业综合开发（2008 年 3 月，濮阳市农业综合开发办公室）　该资料由濮阳市农业综合开发办公室提供。

（4）濮阳市林业生态建设（2008 年 6 月，濮阳市林业局）　该资料由濮阳市林业局提供。

（5）濮阳市土地资源（1991 年 11 月，濮阳市国土资源管理局）　该资料由濮阳市国土资源管理局提供。

（6）濮阳市水利志（1986—2000 年），（2004 年 9 月，河南省濮阳市水利志编纂委员会编制）　该资料由濮阳市水利局提供。

（7）濮阳市土壤（1986 年 6 月，濮阳市土壤普查办公室编制）　该资料由濮阳市土壤肥料站提供。

（8）濮阳市 2009 年、2010 年、2011 年统计年鉴（濮阳市统计局）　该资料由濮阳市统计局提供。

（9）濮阳市 2009 年、2010 年、2011 年气象资料（濮阳市气象局）　该资料由濮阳市气象局提供。

（10）濮阳市 2009—2011 年测土配方施肥项目技术总结专题报告（2011 年 12 月）（濮阳市农业局）　该资料由濮阳市土壤肥料站提供。

第四节　图件数字化与建库

耕地地力评价是基于大量的与耕地地力有关的耕地土壤自然属性和耕地空间位置信息，如立地条件、剖面性状、耕层理化性状、土壤障碍因素；以及耕地土壤管理方面的信息。调查的资料可分为空间数据和属性数据，空间数据主要指项目县的各种基础图件，以及调查样点的 GPS 定位数据；属性数据主要指与评价有关的属性表格和文本资料。为了采用信息化的手段进行评价和评价结果管理，首先需要开展数字化工作。根据《测土配方施肥技术规范》、县域耕地资源管理信息系统（4.0 版）要求，对土壤、土地利用现状等图件进行数字化，并建立空间数据库。

一、图件数字化

空间数据的数字化工作比较复杂，目前常用的数字化方法包括三种：一是采用数字化仪数字化，二是光栅矢量化，三是数据转换法。本次评价中采用了后两种方法。

光栅矢量化法是以已有的地图或遥感影像为基础，利用扫描仪将其转换为光栅图，在 GIS 软件支持下对光栅图进行配准，然后以配准后的光栅图为参考进行屏幕光栅矢量化，最终得到矢量化地图。光栅矢量化法的步骤见图 4 - 3。

图4-3　光栅矢量化的步骤

数据转换法是利用已有的数字化数据，利用软件转换工具，转换为本次工作要求的
*.shp格式。采用该方法是针对目前国土资源管理部门的土地利用图都已数字化建库，采用
的是Mapgis的数据格式，利用Mapgis的文件转换功能很容易将*.wp/*.wl/*.wt的数据
转换为*.shp格式。

属性数据的输入是通过数据库或电子表格来完成的。与空间数据相关的属性数据需要建
立与空间数据对应的联接关键字，通过数据联接的方法，联接到空间数据中，最终得到满足
评价要求的空间–属性一体化数据库。技术方法如下（图4-4）。

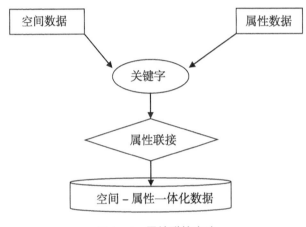

图4-4　属性联接方法

二、图形坐标变换

在地图录入完毕后，经常需要进行投影变换，得到统一空间参照系下的地图。本次工作
中收集到的土地利用现状图采用的是高斯3度带投影，需要变换为高斯6度带投影。进行投
影变换有两种方式，一种是利用多项式拟合，类似于图像几何纠正；另一种是直接应用投影
变换公式进行变换。基本原理：

$$X' = f(x,y)$$
$$Y' = g(x,y) \tag{4-1}$$

式（4-1）中：X'，Y'为目标坐标系下的坐标，x，y为当前坐标系下的坐标。

本次评价中的数据，采用统一空间定位框架，参数如下。

投影方式：高斯–克吕格投影，6度带分带，对于跨带的县进行跨带处理。

坐标系及椭球参数：北京54/克拉索夫斯基。

高程系统：1956年黄海高程基准。

野外调查GPS定位数据：初始数据采用经纬度并在调查表格中记载；装入GIS系统与
图件匹配时，再投影转换为上述直角坐标系坐标。

三、数据质量控制

根据《耕地地力评价指南》的要求，对空间数据和属性数据进行质量控制。属性数据按照指南的要求，规范各数据项的命名、格式、类型、约束等。

空间数据达到最小上图面积 0.04 平方厘米的要求，并规范图幅内外的图面要素。扫描影像数据水平线角度误差不超过 0.2 度，校正控制点不少于 20 个，校正绝对误差不超过 0.2 毫米，矢量化的线划偏离光栅中心不超 0.2 毫米。耕地和园地面积以国土部门的土地详查面积为控制面积。

第五节　土壤养分空间插值与分区统计

本次评价工作需要制作养分图和养分等值线图，这需要采用空间插值法将采样点的分析化验数据进行插值，生成全域的各类养分图和养分等值线图。

一、空间插值法简介

研究土壤性质的空间变异时，观察点和取样点总是有限的，因而对未测点的估计是完全必要的。大量研究表明，地理统计学方法中半方差图和 Kriging 插值法适合于土壤特性空间预测，并得到了广泛应用。

克里格（Kriging）插值法也称空间局部估计或空间局部插值，它是建立在半变异函数理论及结构分析基础上，在有限区域内对区域化变量的取值进行无偏最优估计的一种方法。克里格法实质上利用区域化变量的原始数据和半变异函数的结构特点，对未采样点的区域化变量的取值进行线性无偏最优估计的一种方法。更具体地讲，它是根据待估样点有限领域内若干已测定的样点数据，在认真考虑了样点的形状、大小和空间相互位置关系，它们与待估样点间相互空间位置关系，以及半变异函数提供的结构信息之后，对该待估样点值进行的一种线性无偏最优估计。研究方法的核心是半方差函数，公式为：

$$\overline{\gamma}(h) = \frac{1}{2N(h)} \sum_{\alpha=1}^{N(h)} [z(u_\alpha) - z(u_a + h)]^2 \qquad (4-2)$$

式（4-2）中：h 为样本间距，又称位差（Lag）；$N(h)$ 间距为 h 的"样本对"数。

设位于 X_0 处的速效养分估计值为 $\hat{Z}(x_0)$ 它是周围若干样点实测值 $Z(x_i)$（$i=1,2,\cdots,n$）的线性组合，即

$$\hat{Z}(x_0) = \sum_{i=1}^{n} \lambda_i z(x_i) \qquad (4-3)$$

式（4-3）中：$\hat{Z}(x_0)$ 为 X_0 处的养分估计值；λ_i 为第 i 个样点的权重；$z(x_i)$ 为第 i 个样点值。

要确定 λ_i 有两个约束条件：

$$\begin{cases} \min\left[Z(x_0) - \sum_{i=1}^{n} \lambda_i Z(x_i)\right]^2 \\ \sum_{i=1}^{n} \lambda_i = 1 \end{cases}$$

满足以上两个条件可得如下方程组：

$$\begin{bmatrix} \gamma_{11} & \cdots & \gamma_{1n} & 1 \\ \vdots & \vdots & \vdots & \vdots \\ \gamma_{n1} & \cdots & \gamma_{nn} & 1 \\ 1 & \cdots & 1 & 0 \end{bmatrix} \cdot \begin{bmatrix} \lambda_1 \\ \vdots \\ \lambda_1 \\ m \end{bmatrix} = \begin{bmatrix} \gamma_{01} \\ \vdots \\ \gamma_{0n} \\ 1 \end{bmatrix} \quad\quad (4-4)$$

式（4-4）中：γ_{ij} 表示 x_i 和 x_j 之间的半方差函数值；m 拉格朗日值。

解上述方程组即可得到所有的权重 λ_i 和拉格朗日值 m。利用计算所得到的权重即可求得估计值 $\hat{Z}(x_0)$。

克里格插值法要求数据服从正态分布，非正态分布会使变异函数产生比例效应，比例效应的存在会使实验变异函数产生畸变，抬高基台值和块金值，增大估计误差，变异函数点的波动太，甚至会掩盖其固有的结构，因此应该消除比例效应。此外克里格插值结果的精度还依赖于采样点的空间相关程度，当空间相关性很弱时，意味着这种方法不适用。因此当样点数据不服从正态分布或样点数据的空间相关性很弱时，我们采用反距离插值法。

反距离法是假设待估未知值点受较近已知点的影响比受较远已知点的影响更大，其通用方程是：

$$Z_O = \frac{\sum\limits_{i=1}^{s} Z_i \dfrac{1}{d_i^k}}{\sum\limits_{i=1}^{s} \dfrac{1}{d_i^k}} \quad\quad (4-5)$$

式（4-5）中：Z_O 为待估点 O 的估计值；Z_i 为已知点 i 的值；d_i 为已知点 i 与点 O 间的距离；s 为在估算中用到的控制点数目；k 为指定的幂。

该通用方程的含义是已知点对未知点的影响程度用点之间距离乘方的倒数表示，当乘方为 1（$K=1$）时，意味着点之间数值变化率恒定，该方法称为线性插值法，乘方为 2 或更高则意味着越靠近的已知点，该数值的变化率越大，远离已知点则趋于稳定。

在本次耕地地力评价中，还用到了"以点代面"估值方法，对于外业调查数据的应用不可避免的要采用"以点代面"法。在耕地资源管理图层提取属性过程中，计算落入评价单元内采样点某养分的平均值，没有采样点的单元，直接取邻近的单元值。

GIS 分析方法中的泰森多边形法是一种常用的"以点代面"估值方法。这种方法是按狄洛尼（Delaunay）三角网的构造法，将各监测点 Pi 分别与周围多个监测点相连得到三角网，然后分别作三角网边线的垂直平分线，这些垂直平分线相交则形成以监测点 Pi 为中心的泰森多边形。每个泰森多边形内监测点数据即为该泰森多边形区域的估计值，泰森多边形内每处的值相同，等于该泰森多边形区域的估计值。

二、空间插值

本次空间插值采用 Arcgis9.2 中的 Geostatistical Analyst 功能模块完成。

测土配方施肥项目测试分析了全氮、速效磷、缓效钾、速效钾、有机质、pH 值、有效铜、有效铁、有效锰、有效锌等项目。这些分析数据根据外业调查数据的经纬度坐标生成样点图，然后将以经纬度坐标表示的地理坐标系投影变换为以高斯坐标表示的投影平面直角坐标系，得到的样点图中有部分数据的坐标记录有误，样点落在了县界之外，对此加以修改和删除。

首先对数据的分布进行探查，剔除异常数据，观察样点分析数据的分布特征，检验数据是否符合正态分布和取自然对数后是否符合正态分布，以此选择空间插值方法。

其次是根据选择的空间插值方法进行插值运算，插值方法中参数选择以误差最小为准则进行选取。

最后是生成格网数据，为保证插值结果的精度和可操作性，将结果采用 20 米 × 20 米的 GRID – 格网数据格式。

三、养分分区统计

养分插值结果是格网数据格式，地力评价单元是图斑，需要统计落在每一评价单元内的网格平均值，并赋值给评价单元。

工作中利用 ArcGIS9.2 系统的分区统计功能（Zonal statistics）进行分区统计，将统计结果按照属性联接的方法赋值给评价单元。

第六节　耕地地力评价与成果图编辑输出

一、建立县域耕地资源管理工作空间

首先建立县域耕地资源管理工作空间，然后导入已建立好的各种图件和表格。详见耕地资源管理信息系统章节。

二、建立评价模型

在县域耕地资源管理系统的支持下，将建立的指标体系输入到系统中，分别建立评价指标的权重模型和隶属函数评价模型。

三、县域耕地地力等级划分

根据耕地资源管理单元图中的指标值和耕地地力评价模型，实现对各评价单元地力综合指数的自动计算，采用累积曲线分级法划分县域耕地地力等级。

四、归入全国耕地地力体系

对全市区域各级别的耕地粮食产量进行专项调查，每个级别调查 20 个以上评价单元近三年的平均粮食产量，再根据该级土地稳定的立地条件（比如，质地、耕层厚度等）状况，进行潜力修正后，作为该级别耕地的粮食产量，与《全国耕地类型区、耕地地力等级划分》（NY/T 309—1996）进行对照，将县级耕地地力评价等级归入国家耕地地力等级。

五、图件的编制

为了提高制图的效率和准确性，在地理信息系统软件 ARCGIS 的支持下，进行耕地地力评价图及相关图件的自动编绘处理。濮阳市的行政区划、河流水系、大型交通干道等作为基础信息，然后叠加上各类专题信息，得到各类专题图件。专题地图的地理要素内容是专题图的重要组成部分，用于反映专题内容的地理分布，并作为图幅叠加处理等的分析依据。地理要素的选择应与专题内容相协调，考虑图面的负载量和清晰度，应选择基本的、主要的地理

要素。

对于有机质含量、速效钾、有效磷、有效锌等其他专题要素地图，按照各要素的分级分别赋予相应的颜色，同时标注相应的代号，生成专题图层。之后与地理要素图复合，编辑处理生成专题图件，并进行图幅的整饰处理。

耕地地力评价图以耕地地力评价单元为基础，根据各单元的耕地地力评价等级结果，对相同等级的相邻评价单元进行归并处理，得到各耕地地力等级图斑。在此基础上，用颜色表示不同耕地地力等级。

图外要素绘制了图名、图例、坐标系高程系说明、成图比例尺、制图单位全称、制图时间等。

六、图件输出

图件输出采用两种方式，一是打印输出，按照 1∶50 000 的比例尺，在大型绘图仪的支持下打印输出。二是电子输出，按照 1∶50 000 的比例尺，300dpi 的分辨率，生成 *.jpg 光栅图，以方便图件的使用。

第七节   耕地资源管理系统的建立

一、系统平台

耕地资源管理系统软件平台采用农业部种植业管理司、全国农业技术推广服务中心和扬州土肥站联合开发的"县域耕地资源管理信息系统 4.0"，该系统以县级行政区域内耕地资源为管理对象，以土地利用现状与土壤类型的结合为管理单元，可对辖区内耕地资源信息进行采集、管理、分析和评价，是本次耕地地力评价的系统平台。增加相应技术模型后，不仅能够开展作物适宜性评价、品种适宜性评价，也能够为农民、农业技术人员以及农业决策者合理安排作物布局、科学施肥、节水灌溉等农事措施提供耕地资源信息服务和决策支持。系统界面见图 4 - 5。

图 4 - 5   县域耕地资源管理信息系统

二、系统功能

"县域耕地资源管理信息系统4.0"具有耕地地力评价和施肥决策支持等功能，主要功能包括以下几个方面。

(一) 耕地资源数据库建设与管理

系统以Mapobjects组件为基础开发完成，支持*.shp的数据格式，可以采用单机的文件管理方式，也可以通过SDE访问网络空间数据库。系统提供数据导入、导出功能，可以将Arcview或ArcGIS系统采集的空间数据导入本系统，也可将*.DBF或*.MDB的属性表格导入到系统中，系统内嵌了规范化的数据字典，外部数据导入系统时，可以自动转换为规范化的文件名和属性数据结构，有利于全国耕地地力评价数据的标准化管理。管理系统也能方便的将空间数据导出为*.shp数据，属性数据导出为*.xls和*.mdb数据，以方便其他相关应用。

系统内部对数据的组织分工作空间、图集、图层3个层次，一个项目县的所有数据、系统设置、模型及模型参数等共同构成项目县的工作空间。一个工作空间可以划分为多个图集，图集针对某一专题应用，比如，耕地地力评价图集、土壤有机质含量分布图集、配方施肥图集等。组成图集的基本单位是图层，对应的是*.shp文件，比如，土壤图、土地利用现状图、耕地资源管理单元图等，都是指的图层。

(二) GIS系统的一般功能

系统具备了GIS的一般功能，比如，地图的显示、缩放、漫游、专题化显示、图层管理、缓冲区分析、叠加分析、属性提取等功能，通过空间操作与分析，可以快速获得感兴趣区域信息。更实用的功能是属性提取和以点代面等功能，本次评价中属性提取功能可将专题图的专题信息，比如灌溉保证率等，快速的提取出来赋值给评价单元。

(三) 模型库的建立与管理

专业应用与决策支持离不开专业模型，系统具有建立层次分析权重模型、隶属函数单因素评价模型、评价指标综合计算模型、配方施肥模型、施肥运筹模型等系统模型的功能。在本次地力评价过程中，利用系统的层次分析功能，辅助本县快速的完成了指标权重的计算。权重模型和隶属函数评价模型建立后，可快速的完成耕地潜力评价，通过对模型参数的调整，实现了评价结果的快速修正。

(四) 专业应用与决策支持

在专业模型的支持下，可实现对耕地生产潜力的评价、某一作物的生产适宜性评价等评价工作，也可实现单一营养元素的丰缺评价。根据土壤养分测试值，进行施肥计算，并可提供施肥运筹方案。

三、数据库的建立

(一) 属性数据库的建立

1. 属性数据的内容

根据本市耕地质量评价的需要，确立了属性数据库的内容，其内容及来源见表4-2。

表 4-2 属性数据库内容及来源

编号	内容名称	来源
1	县、乡、村行政编码表	统计局
2	土壤分类系统表	土壤普查资料，省土种对接资料
3	土壤样品分析化验结果数据表	野外调查采样分析
4	农业生产情况调查点数据表	野外调查采样分析
5	土地利用现状地块数据表	系统生成
6	耕地资源管理单元属性数据表	系统生成
7	耕地地力评价结果数据表	系统生成

2. 数据录入与审核

数据录入前应仔细审核，数值型资料注意量纲上下限，地名应注意汉字多音字、繁简字、简全称等问题。录入后还应仔细检查，保证数据录入无误后，将数据库转为规定的格式（DBF 格式文件），通过系统的外部数据表维护功能，导入到耕地资源管理系统中。

（二）空间数据库的建立

土壤图、土地利用现状图、调查样点分布图是耕地地力调查与质量评价最为重要的基础空间数据。分别通过以下方法采集：将土壤图和土地利用现状图扫描成栅格文件后，借助利用 MapGIS 软件进行手动跟踪矢量化形成土壤图数字化图层，图件扫描采用 300dpi 分辨率，以黑白 TIFF 格式保存，之后转入到 ArcGIS 中进行数据的进一步处理。在 ArcGIS 中将土地利用现状图分为农用地地块图（包括耕地和园地）和非农用地地块图，将农用地地块图与土壤图叠加得到耕地资源管理单元图。利用外业调查中采用 GPS 定位获取的调查样点经、纬度资料，借助 ArcGIS 软件将经纬度坐标投影转换为北京 54 直角坐标系坐标，建立本市耕地地力调查样点空间数据库。对土壤养分等数值型数据，根据 GPS 定位数据在 ArcGIS 软件支持下生成点位图，利用 ArcGIS 的地理统计功能进行空间插值分析，产生各养分分布图和养分分布等值线。养分分布图采用格网数据格式，利用分区统计功能，将结果赋值给耕地资源管理单元图中的图斑。其他专题图，比如灌溉保证率分区图等，采用类似的方法进行矢量采集（表 4-3）。

表 4-3 空间数据库内容及资料来源

序号	图层名	图层属性	资料来源
1	行政区划图	多边形	土地利用现状图
2	面状水系图	多边形	土地利用现状图
3	线状水系图	线层	土地利用现状图
4	道路图	线层	土地利用现状图 + 交通图修正
5	土地利用现状图	多边形	土地利用现状图
6	农用地地块图	多边形	土地利用现状图
7	非农用地地块图	多边形	土地利用现状图
8	土壤图	多边形	土壤图

（续表）

序号	图层名	图层属性	资料来源
9	系列养分等值线图	线层	插值分析结果
10	耕地资源管理单元图	多边形	土壤图与农用地地块图
11	土壤肥力普查农化样点点位图	点层	外业调查
12	耕地地力调查点点位图	点层	室内分析
13	评价因子单因子图	多边形	相关部门收集

四、评价模型的建立

将本市建立的耕地地力评价指标体系按照系统的要求输入到系统中，分别建立耕地地力评价权重模型和单因素评价的隶属函数模型。之后就可利用建立的评价模型对耕地资源管理单图进行自动评价，如图 4–6 所示。

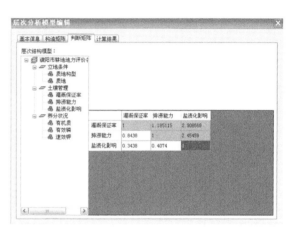

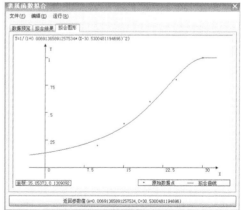

图 4–6　评价模型建立与耕地地力评价示图

五、系统应用

（一）耕地生产潜力评价

根据前文建立的层次分析模型和隶属函数模型，采用加权综合指标法计算各评价单元综合分值，然后根据累积频率曲线图进行分级。

（二）制作专题图

依据系统提供的专题图制作工具，制作耕地地力评价图、有机质含量分布图等图件。以濮阳市耕地地力等级分布图为例进行示例说明，见附图 24。

（三）养分丰缺评价

依据测土配方施肥工作中建立的养分丰缺指标，对耕地资源管理单元图中的养分进行丰缺评价。

第八节　耕地地力评价工作软、硬件环境

一、硬件环境

1. 配置高性能计算机

CPU：奔腾 IV3.0Ghz 及同档次的 CPU。

内存：1GB 以上。

显示卡：ATI9000 及以上档次的示卡。

硬盘：80G 以上。

输入输出设备：光驱、键盘、鼠标和显示器等。

2. GIS 专用输入与输出设备

大型扫描仪：A0 幅面的 CONTEX 扫描仪。

大型打印机：A0 幅面的 HP800 打印机。

3. 网络设备

包括：路由器、交换机、网卡和网线。

二、系统软件环境

（1）办公软件　Office2003

（2）数据库管理软件　Access2003

（3）数据分析软件　SPSS13.0

（4）GIS 平台软件　ArcGIS9.2、Mapgis6.5

（5）耕地资源管理信息系统软件　农业部种植业管理司和全国农业技术推广服务中心开发的县域耕地资源管理信息系统 4.0 系统。

第五章　耕地地力评价指标体系

第一节　耕地地力评价指标体系内容

合理正确地确定耕地地力评价指标体系，是科学地评价耕地地力的前提，直接关系到评价结果的正确性、科学性和社会可接受性。综合《测土配方施肥技术规范》《耕地地力评价指南》和"县域耕地资源管理信息系统4.0"的技术规定与要求，我们将选取评价指标、确定各指标权重和确定各评价指标的隶属度3项内容归纳建立耕地地力评价指标体系。

濮阳市耕地地力指标体系是在河南省土壤肥料站和郑州大学的指导下，结合濮阳市的耕地特点，通过专家组的充分论证和商讨，逐步建立起来的。首先，根据一定原则，结合濮阳市农业生产实际、农业生产自然条件和耕地土壤特征从全国耕地地力评价因子集中选取，建立县域耕地地力评价指标集。其次，利用层次分析法，建立评价指标与耕地潜在生产能力间的层次分析模型，计算单指标对耕地地力的权重。第三，采用特尔斐法组织专家，使用模糊评价法建立各指标的隶属度。

第二节　耕地地力评价指标

一、耕地地力评价指标选择原则

（一）重要性原则

影响耕地地力的因素、因子很多，农业部测土配方施肥技术规范中列举了六大类65个指标。这些指标是针对全国范围的，具体到一个全市行政区域，必须在其中挑选对本地耕地地力影响最为显著的因子，而不能全部选取。濮阳市选取的指标只有质地构型、质地、灌溉保证率、排涝能力、盐渍化影响、有效磷、有效钾和有机质共8个因子。濮阳市土壤类型为潮土，属冲积形成，其不同层次的质地排列组织就是质地构型，这是一个对耕地地力有很大影响的指标。夹黏、夹砂、均质壤、均质砂、均质黏的生产性状差异很大，必须选为评价指标。

（二）稳定性原则

选择的评价因子在时间序列上必须具有相对的稳定性。选择时间序上易变指标，则会造成评价结果在时间序列上的不稳定，指导性和实用性差，而耕地地力若没有较为剧烈的人为等外部因素的影响，在一定时期内是稳定的。

（三）差异性原则

差异性原则分为空间差异性和指标因子的差异性。耕地地力评价的目的之一就是通过评价找出影响耕地地力的主导因素，指导耕地资源的优化配置。评价指标在空间和属性没有差异，就不能反映耕地地力的差异。因此，在县级行政区域内，没有空间差异的指标和属性没有差异的指标，不能选为评价指标。如，≥0℃积温、≥10℃积温、降水量、日照指数、光能辐射总量、无霜期都对耕地地力有很大的影响，但在县域范围内，其差异很小或基本无差异，不能选为评价指标。

（四）易获取性原则

通过常规的方法即可以获取，如土壤养分含量、耕层厚度、灌排条件等。某些指标虽然对耕地生产能力有很大影响，但获取比较困难，或者获取的费用比较高，当前不具备条件。如土壤生物的种类和数量、土壤中某种酶的数量等生物性指标。

（五）精简性原则

并不是选取的指标越多越好，选取的太多，工作量和费用都要增加，还不能揭示出影响耕地地力的主要因素。一般8～15个指标能够满足评价的需要。濮阳市选择的指标只有8个。

（六）全局性与整体性原则

所谓全局性，要考虑到全市所有的耕地类型，不能只关注面积大的耕地，只要能在1：50 000比例尺的图上能形成图斑的耕地地块的特性都需要考虑，而不能搞"少数服从多数"。

所谓整体性原则，是指在时间序列上会对耕地地力产生较大影响的指标。

二、评价指标选取方法

濮阳市的耕地地力评价指标选取过程中，采用的是特尔菲法，即专家打分法。评价与决策涉及价值观、知识、经验和逻辑思维能力，因此专家的综合能力是十分可贵的。评价与决策中经常需要专家的参与，例如给出一组地下水位的深度，评价不同深度对作物生长影响的程度通常由专家给出。这个方法的核心是充分发挥专家对问题的独立看法，然后归纳、反馈，逐步收缩、集中，最终产生评价与判断。基本包括以下几种。

（1）确定提问的提纲 列出调查提纲应当用词准确，层次分明，集中于要判断和评价的问题。为了使专家易于回答问题，通常还在提出调查提纲的同时提供有关背景材料。

（2）选择专家 为了得到较好的评价结果，通常需要选择对问题了解较多的专家10～15人。

（3）调查结果的归纳、反馈和总结 收集到专家对问题的判断后，应作一一归纳。定量判断的归纳结果通常符合正态分布。这时可在仔细听取了持极端意见专家的理由后，去掉两端各25%的意见，寻找出意见最集中的范围，然后把归纳结果反馈给专家，让他们再次提出自己的评价和判断。反复3～5次后，专家的意见会逐步趋近一致，这时就可作出最后的分析报告。

三、濮阳市耕地地力评价指标选取

濮阳市组织了市、县农业、土肥、水利等有关专家，对濮阳市的耕地地力评价指标进行逐一筛选。从国家提供的65个指标中选取了8项因素作为本市的耕地地力评价的参评因子。这8项指标分别为：质地构型、质地、盐渍化影响、排涝能力、灌溉保证率、有效磷、有效钾和有机质。

四、选择评价指标的原因

（一）立地条件

1. 盐渍化影响

濮阳市境内地表水为黄河水系和海河水系，其中，黄河水系主要河流有黄河和金堤河；

海河水系主要河流有卫河、马颊河、潴龙河、徒骇河等，沿河支流很多，两大水系流经全境，河水侧渗严重，地下水抬升，土壤盐渍化，地下水碳酸盐、硫酸盐、氯化物、钙、镁含量较高的区域，其地下水对农作物危害较大，是一种障碍因素，影响作物生产情况较明显，故选定其为评价因子。

2. 灌溉保证率

是影响濮阳市农业产值的重要因素。

3. 排涝能力

由于受黄河和海河两大水系浸润影响，河水侧渗，地下水位高，淤积严重，地势浅平，排水泄洪仍是影响农业生产的重要因素。

4. 质地构型

濮阳市土壤类型较多，耕层质地在土属间一致，质地构型有一定差异，在 1 米土体内不同部位都有不同厚度的黏土层出现，比均质性构型，保水、保肥能力增强，对作物产量及土壤肥力有直接影响。

5. 耕地土壤质地

质地是土壤稳定的自然属性，也是影响土壤一系列物理与化学性质的重要因子。不同土壤质地对土壤结构、孔隙状况、保肥性、保水性、耕性等均有重要影响。

（二）耕层理化性状

1. 有机质

土壤有机质含量，代表耕地基本肥力，是平原土壤理化性状的重要因素，是土壤养分的主要来源，对土壤的理化、生物性质以及肥力因素都有较大影响。

2. 有效磷、速效钾

磷、钾都是作物生长发育必不可少的大量元素，土壤中有效磷、有效钾含量的高低对作物产量影响非常大，所以是评价耕地地力必不可少的指标。

第三节 评价指标权重确定

一、评价指标权重确定原则

耕地地力受所选指标的影响程度并不一致，确定各因素的影响程度大小时，必须遵从全局性和整体性的原则，综合衡量各指标的影响程度，不能因一年一季的影响或对某一区域的影响剧烈或无影响而形成极端的权重。

二、评价指标权重确定方法

（一）层次分析法

耕地地力为目标层（G 层），影响耕地地力的立地条件、养分性状、土地管理为准则层（C 层），再把影响准则层中各元素的项目作为指标层（A 层），其结构关系如图 5-1 所示。

（二）构造判断矩阵

专家们评估的初步结果经合适的数学处理后（包括实际计算的最终结果－组合权重）反馈给各位专家，请专家重新修改或确认，确定 C 层对 G 层以及 A 层对 C 层的相对重要程

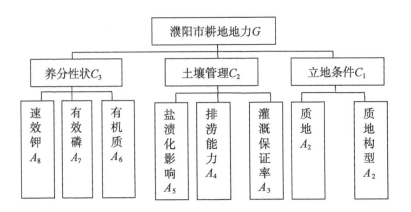

图 5-1 耕地地力影响因素层次结构

度，共构成 G、C_1、C_2、C_3 共 4 个判断矩阵（表 5-1、表 5-2、表 5-3、表 5-4）。

表 5-1 目标层判断矩阵

G	C_1	C_2	C_3
立地条件 C_1	1.0000	1.5625	1.9608
土壤管理 C_2	0.6400	1.0000	1.2500
养分性状 C_3	0.5100	0.8000	1.0000

表 5-2 立地条件判断矩阵

C_1	A_1	A_2
质地构型 A_1	1.0000	1.5455
质地 A_2	0.6471	1.0000

表 5-3 土壤管理判断矩阵

C_2	A_3	A_4	A_5
灌溉保证率 A_3	1.0000	1.1851	2.9087
排涝能力 A_4	0.8438	1.0000	2.4546
盐渍化影响 A_5	0.3438	0.4074	1.0000

表 5-4 养分状况判断矩阵

C_3	A_6	A_7	A_8
有机质 A_6	1.0000	1.4828	1.5813
有效磷 A_7	0.6744	1.0000	2.1930
速效钾 A_8	0.6324	0.4560	1.0000

判别矩阵中标度的含义见表 5-5。

表 5 – 5　判断矩阵标度及其含义

标度	含义
1	表示两个因素相比，具有同样重要性
3	表示两个因素相比，一个因素比另一个因素稍微重要
5	表示两个因素相比，一个因素比另一个因素明显重要
7	表示两个因素相比，一个因素比另一个因素强烈重要
9	表示两个因素相比，一个因素比另一个因素极端重要
2、4、6、8	上述两相邻判断的中值
倒数	因素 i 与 j 比较得判断 b_{ij}，则因素 j 与 i 比较的判断 $b_{ji} = 1/b_{ij}$

（三）层次单排序及一致性检验

求取 A 层对 C 层的权重值，可归结为计算判断矩阵的最大特征根 λmax 对应的特征向量 W。并用 $CR = CI/RI$ 进行一致性检验。计算方法如下。

1. 将比较矩阵每一列正规化（以矩阵 C 为例）

$$\hat{c}_{ij} = \frac{c_{ij}}{\sum\limits_{i=1}^{n} c_{ij}}$$

2. 每一列经正规化后的比较矩阵按行相加

$$\overline{W}_i = \sum\limits_{j=1}^{n} \hat{c}_{ij}, j = 1, 2, \cdots, n$$

3. 向量正规化

$$W_i = \frac{\overline{W}_i}{\sum\limits_{i-1}^{n} \overline{W}_i}, i = 1, 2, \cdots, n$$

所得到的 $W_i = [W_1, W_2, \cdots, W_n]^T$ 即为所求特征向量，也就是各个因素的权重值。

4. 计算比较矩阵最大特征根 λ_{max}

$$\lambda_{max} = \sum\limits_{i=1}^{n} \frac{(CW)_i}{nW_i}, i = 1, 2, \cdots, n$$

式中，C 为原始判别矩阵，$(CW)_i$ 表示向量的第 i 个元素。

5. 一致性检验

首先计算一致性指标 CI

$$CI = \frac{\lambda_{max} - n}{n - 1}$$

式中，n 为比较矩阵的阶，也即因素的个数。

然后根据表 5 – 6 查找出随机一致性指标 RI，由下式计算一致性比率 CR。

$$CR = \frac{CI}{RI}$$

表 5-6　随机一致性指标 *RI* 值

n	1	2	3	4	5	6	7	8	9	10	11
RI	0	0	0.58	0.9	1.12	1.24	1.32	1.41	1.45	1.49	1.51

根据以上计算方法可得以下结果。

将所选指标根据其对耕地地力的影响方面和其固有的特征,分为几个组,形成目标层 - 耕地地力评价,准则层 - 因子组,指标层 - 每一准则下的评价指标。

表 5-7　权数值及一致性检验结果

矩阵	特征向量			*CI*	*CR*
矩阵 *G*	0.4652	0.2973	0.2375	-2.3×10^{-5}	0
矩阵 C_1	0.6071	0.3929		-1.02×10^{-5}	0.00001757
矩阵 C_2	0.4571	0.3857	0.1572	1.65×10^{-5}	0.00000118
矩阵 C_3	0.4231	0.3640	0.2129	1.72×10^{-5}	0.00001915

从表 5-7 中可以看出,*CR* < 0.1,具有很好的一致性。

(四) 层次总排序及一致性检验

计算同一层次所有因素对于最高层相对重要性的排序权重值,称为层次总排序,这一过程是最高层次到最低层次逐层进行的。层次总排序结果如表 5-8 所示。

表 5-8　层次总排序结果

层次 *C*	立地条件	土地管理	养分形状	组合权重
	0.4652	0.2973	0.2375	$\sum CiAi$
质地构型	0.6071			0.2824
质　　地	0.3929			0.1827
灌溉保证率		0.4571		0.1359
排涝能力		0.3857		0.1147
盐渍化影响		0.1572		0.0467
有机质			0.4231	0.1005
有效磷			0.3640	0.0865
速效钾			0.2129	0.0506

层次总排序的一致性检验也是从高到低逐层进行的。如果 *A* 层次某些因素对于 C_j 单排序的一致性指标为 CI_j,相应的平均随机一致性指标为 CR_j,则 *A* 层次总排序随机一致性比率为:

$$CR = \frac{\sum\limits_{j=1}^{n} c_j CI_j}{\sum\limits_{j=1}^{n} c_j RI_j}$$

经层次总排序,并进行一致性检验,结果为 $CI = 6.09 \times 10^{-6}$, $CR = 0.00000790 < 0.1$,

认为层次总排序结果具有满意的一致性，最后计算得到各因子的权重表（表5-9）如下。

表5-9　各因子的权重

评价因子	质地构型	质地	灌溉保证率	排涝能力	盐渍化影响	有机质	有效磷	速效钾
权重	0.2824	0.1827	0.1359	0.1147	0.0467	0.1005	0.0865	0.0506

第四节　评价指标隶属度

一、指标特征

耕地内部各要素之间及其与耕地生产能力之间的关系十分复杂，此外，评价中也存在着许多不严格、模糊性的概念，因此我们采用模糊评价方法来进行耕地地力等级的确定。本次评价中，根据指标的性质分为概念型指标和数据型指标两类。

概念型指标的性状是定性的、综合的，与耕地生产能力之间是一种非线性关系，如质地构型、排涝能力等，这类指标可采用特尔菲法直接结出隶属度。

数据型指标是指可以用数字表示的指标，比如有机质、有效磷和速效钾等。根据模糊数学的理论，濮阳市的养分评价指标与耕地地力之间的关系为戒上型函数。

对于数据型的指标也可以用适当的方法进行离散化（也即数据分组），然后对离散化的数据作为概念型的指标来处理。

二、指标隶属度

对盐渍化影响、灌溉保证率、质地构型、质地等概念型定性因子采用专家打分法，经过归纳、反馈、逐步收缩、集中，最后产生获得相应的隶属度。而对有机质、有效磷、速效钾等定量因子，首先对其离散化，将其分为不同的组别，然后为采用专家打分法，给出相应的隶属度。

（一）盐渍化影响隶属度

属概念型，有量纲指标，经专家打分，建立指标与隶属度的对应表（表5-10）。

表5-10　盐渍化影响隶属度

盐渍化影响	无	弱
隶属度	1	0.5

（二）灌溉保证率

属概念型，无量纲指标（表5-11）。

表5-11　灌溉保证率隶属度

灌溉保证率	>75%	>50%
隶属度	1	0.8

（三）质地构型

属概念型，无量纲指标（表5－12）。

表5－12　质地构型隶属度

质地构型	壤底砂壤	壤身砂壤	壤身重壤	夹壤砂土	夹砂中壤	黏底轻壤	夹砂轻壤	黏底砂壤
隶属度	0.80	0.80	0.80	0.70	0.70	0.70	0.60	0.60
质地构型	壤身黏土	均质黏土	砂底重壤	夹黏中壤	黏底中壤	均质中壤	砂底中壤	均质砂壤
隶属度	0.80	1	0.50	1	1	1	0.40	0.30
质地构型	砂底黏土	夹黏轻壤	均质轻壤	黏身轻壤	砂底轻壤	砂身中壤	砂身轻壤	均质砂土
隶属度	0.60	1	0.50	1	0.30	0.20	0.20	0.20
质地构型	夹壤重壤	砂身重壤	夹壤砂壤	黏身砂壤	黏身中壤	壤底黏土	夹黏砂壤	
隶属度	1	0.20	0.80	1	1	0.80	1	

（四）排涝能力

属概念型，无量纲指标（表5－13）。

表5－13　排涝能力隶属度

排涝能力	十年一遇	五年一遇	三年一遇
隶属度	1	0.8	0.6

（五）有机质

属数值型，有量纲指标（表5－14、图5－2）。

表5－14　有机质隶属度

有机质	<10	10~13	13~16	16~19	19~22
隶属度	0.2	0.4	0.6	0.8	1

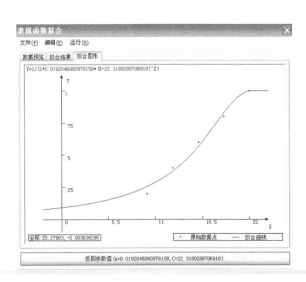

图5－2　有机质隶属度函数拟合

（六）有效磷

属数值型，有量纲指标（表 5 – 15、图 5 – 3）。

表 5 – 15　有效磷隶属度

有效磷	< 10	10 ~ 15	15 ~ 20	20 ~ 25	25 ~ 30
隶属度	0.2	0.4	0.6	0.8	1

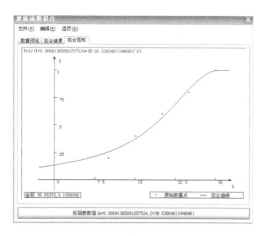

图 5 – 3　有效磷隶属度函数拟合

（七）速效钾

属数值型，有量纲指标（表 5 – 16、图 5 – 4）。

表 5 – 16　速效钾隶属度

速效钾	< 50	50 ~ 75	75 ~ 100	100 ~ 125	125 ~ 150
隶属度	0.2	0.4	0.6	0.8	1

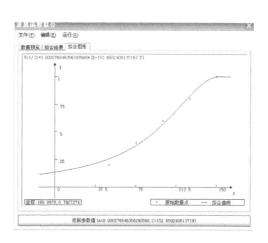

图 5 – 4　速效钾隶属度函数拟合

(八) 质地

属概念型, 无量纲指标 (表 5 – 17)。

表 5 – 17　质地隶属度

质地	紧砂土	轻黏土	轻壤土	砂壤土	松砂土	中黏土	中壤土	重黏土	重壤土
隶属度	0.3	1	0.75	0.6	0.2	1	0.95	0.95	1

第五节　濮阳市评价样点和评价单元

为了确保本次耕地地力评价全面、客观、准确、完整, 我们按照《测土配方施肥技术规范》和《耕地地力评价指南》要求, 对全市 2009—2011 年的调查样点进行分析、剔除、精选, 最后确定参与评价的样点数为 13 633 个, 形成 6 838 个评价单元。基本上能代表全市耕地地力水平, 能够对全市各土种耕地进行客观全面的评价 (表 5 – 18)。

表 5 – 18　濮阳市各县区评价单元分布表

县域名称	评价单元数量 (个)	占总数百分比 (%)
濮阳县	1 224	17.90
南乐县	1 157	16.94
清丰县	1 743	25.48
台前县	1 022	14.94
范　县	1 692	24.74

第六章　耕地地力等级

本次耕地地力评价，结合濮阳市实际情况，选取 8 个对耕地地力影响比较大、区域内的变异明显、在时间序列上具有相对稳定性、与农业生产有密切关系的因素，建立评价指标体系。以 1 : 50 000 耕地土壤图、土地利用现状图叠加形成的图斑为评价单元，应用模糊综合评判方法对全市耕地进行评价。把濮阳市耕地地力共分 5 个等级。

第一节　濮阳市耕地地力等级

一、计算耕地地力综合指数

用指数和法来确定耕地的综合指数，模型公式如下。

$$IFI = \sum Fi \cdot Ci \quad (i = 1, 2, 3, \cdots, n)$$

式中：IFI（Integrated Fertility Index）代表耕地地力综合指数；F = 第 i 个因素评语；Ci = 第 i 个因素的组合权重。

具体操作过程：在县域耕地资源管理信息系统（CLRMIS）中，在"专题评价"模块中导入隶属函数模型和层次分析模型，然后选择"耕地生产潜力评价"功能进行耕地地力综合指数的计算。

二、确定最佳的耕地地力等级数目

根据综合指数的变化规律，在耕地资源管理系统中我们采用累积曲线分级法进行评价，根据曲线斜率的突变点（拐点）来确定等级的数目和划分综合指数的临界点，将濮阳市耕地地力共划分为五级，各等级耕地地力综合指数如表 6 – 1 所示。

表 6 – 1　濮阳市耕地地力等级综合指数

IFI	≥0.889	0.736 ~ 0.889	0.656 ~ 0.736	0.539 ~ 0.656	≤0.539
耕地地力等级	一等	二等	三等	四等	五等

三、濮阳耕地地力等级及与国家等级对接情况

濮阳市耕地地力共分 5 个等级。其中，一等地 9 553.01 公顷，占全市耕地面积的3.76%；二等地 80 380.92 公顷，占全市耕地面积的 31.65%；三等地 62 658.95 公顷，占全市耕地面积的 24.67%；四等地 80 552.87 公顷，占全市耕地面积的 31.71%；五等地20 852.50 公顷，占全市耕地面积的 8.21%（表 6 – 2、图 6 – 1、图 6 – 2）。

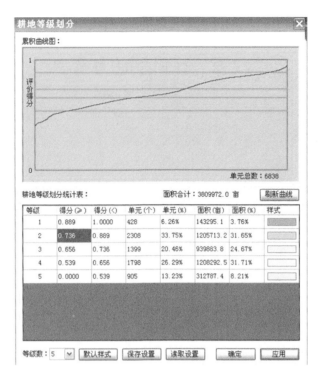

图 6 - 1　耕地地力等级分值累积曲线

表 6 - 2　耕地地力评价结果面积统计表

等级	一等地	二等地	三等地	四等地	五等地
面积（公顷）	9 553.01	80 380.92	62 658.95	80 552.87	20 852.50
占总面积（%）	3.76	31.65	24.67	31.71	8.21

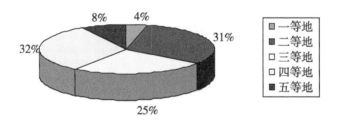

图 6 - 2　濮阳市耕地地力等级面积比例图

　　根据《全国耕地类型区、耕地地力等级划分》的标准（图 6 - 3、表 6 - 3、表 6 - 4、表 6 - 5），濮阳市一等地全年粮食水平大于 900 千克/亩左右，二等地全年粮食水平 800 ~ 900 千克/亩，濮阳市二等地可划规为国家二等地；濮阳市三等地全年粮食水平 700 ~ 800 千克/亩，划规为国家三等地；濮阳市四等地全年粮食水平 600 ~ 700 千克/亩，划规为国家五等地，濮阳市五等地全年粮食水平 600 千克/亩，划规为国家五等地（附图 25、附图 26）。

图 6 - 3　濮阳市耕地地力等级归入部级地力等级累计曲线图

表 6 - 3　濮阳市耕地地力划分与全国耕地地力划分对接表

濮阳市耕地地力等级划分			全国耕地地力划分		
等级	潜力性产量		等级	概念性产量	
	千克/公顷	千克/亩		千克/公顷	千克/亩
1	≥14 240	≥900	1	≥13 500	≥900
2	13 500 ~ 14 240	800 ~ 900	1	≥13 500	≥900
3	12 000 ~ 13 500	700 ~ 800	2	12 000 ~ 135 00	800 ~ 900
4	10 500 ~ 12 000	600 ~ 700	3	10 500 ~ 12 000	700 ~ 800
5	9 000 ~ 10 500	600 ~ 500	4	9 000 ~ 10 500	600 ~ 700

表 6 - 4　濮阳市耕地地力等级归入部级地力等级统计表　　　　　　　单位：公顷

县区	一等地	二等地	三等地	四等地	总计
范　县	27 826.47	4 305.82	2 556.68	411.02	35 100.00
南乐县	20 146.89	18 503.03	1 012.26	437.82	40 100.00
濮阳县	37 042.14	31 812.73	25 113.16	1 947.51	95 915.54
清丰县	23 485.93	28 184.25	6 787.57	2 824.96	61 282.71
台前县	9 547.18	2 504.33	8 995.17	553.32	21 600.00
濮阳市	118 048.61	85 310.17	44 464.85	6 153.98	253 998.25

表 6 – 5　濮阳市耕地地力调查与评价成果统计表

单位：公顷、克/千克、毫克/千克、pH 值

县区	面积	pH 值	有机质	全氮	有效磷	速效钾	缓效钾	有效硫	有效锌	有效铜	有效锰	有效硼	有效钼	有效铁
					一等地分布情况									
范县	5 545.03	8.0	19.7	1.08	38.2	120	843	21.84	1.66	1.52	12.44	1.90	0.62	5.55
南乐	1 930.24	8.3	16.4	1.01	24.2	117	789	20.20	1.26	0.90	11.15	1.30	0.45	5.95
濮阳	465.63	8.1	17.9	1.03	23.1	140	889	19.70	3.85	1.49	10.28	0.64	0.27	6.29
清丰	69.21	8.3	14.4	0.82	23.2	135	721	16.55	2.19	1.09	10.36	0.80	0.26	5.36
台前	1 542.90	8.3	18.3	1.19	27.9	193	854	21.19	2.34	0.99	11.68	0.54	0.23	6.15
合计	9 553.01	8.1	18.9	1.08	33.8	133	834	21.35	1.74	1.32	12.05	1.54	0.52	5.72
					二等地分布情况									
范县	16 541.68	8.1	16.4	1.06	28.0	113	842	20.37	1.73	1.49	11.64	1.73	0.59	5.55
南乐	11 509.64	8.3	13.4	0.83	17.3	101	782	19.45	1.24	0.99	10.81	1.29	0.44	6.31
濮阳	25 500.63	8.2	15.6	0.90	14.7	103	761	20.02	1.61	1.21	11.77	1.24	0.44	5.91
清丰	19 717.84	8.3	12.5	0.78	15.7	94	733	16.88	1.31	1.04	11.00	0.84	0.31	5.96
台前	7 111.14	8.3	14.3	0.92	17.7	146	822	21.19	2.01	1.13	11.65	0.95	0.34	6.01
合计	80 380.92	8.2	14.7	0.93	20.5	111	797	19.62	1.60	1.23	11.41	1.30	0.45	5.86
					三等地分布情况									
范县	6 625.17	8.1	17.1	1.02	30.7	102	784	21.30	1.54	1.31	11.52	1.32	0.48	5.75
南乐	14 376.00	8.3	13.3	0.81	·17.5	95	835	19.39	1.33	0.89	9.63	1.25	0.43	6.30
濮阳	20 977.46	8.2	15.5	0.88	14.8	101	685	18.61	1.46	1.05	12.88	0.80	0.31	6.12
清丰	19 401.68	8.3	12.6	0.80	17.1	89	694	10.18	1.13	0.94	9.94	0.89	0.35	5.78
台前	1 278.64	8.4	13.4	0.86	18.2	141	789	20.19	1.87	1.13	10.86	1.15	0.44	5.92
合计	62 658.95	8.2	14.3	0.86	19.6	98	752	16.99	1.37	1.03	10.80	1.07	0.39	5.98
					四等地分布情况									
范县	5 487.60	8.1	15.4	0.97	26.1	94	735	23.05	1.75	1.24	10.12	1.29	0.52	5.89
南乐	11 423.11	8.3	11.6	0.71	14.9	83	779	18.30	1.26	0.96	8.64	0.94	0.34	6.77
濮阳	42 528.09	8.3	15.1	0.86	14.1	98	691	20.38	1.73	1.06	15.05	0.58	0.24	6.03
清丰	14 325.35	8.3	11.6	0.74	14.3	79	646	13.21	1.23	0.93	10.01	0.65	0.28	5.78
台前	6 788.72	8.3	13.5	0.88	19.3	129	705	20.34	2.65	1.14	11.94	0.52	0.23	6.13
合计	80 552.87	8.3	13.5	0.83	16.9	97	704	18.83	1.72	1.05	11.66	0.74	0.30	6.09
					五等地分布情况									
范县	900.52	8.2	12.2	0.88	19.5	79	752	18.25	1.56	1.28	9.46	1.69	0.68	5.37
南乐	861.01	8.2	11.3	0.70	17.0	71	686	17.22	1.14	1.04	13.01	0.74	0.27	5.60
濮阳	6 443.72	8.3	14.7	0.83	13.3	72	647	17.80	1.40	0.89	12.10	0.45	0.21	6.00
清丰	7 768.64	8.3	10.2	0.64	14.4	68	535	12.07	1.22	0.87	10.10	0.49	0.23	5.90
台前	4 878.61	8.3	12.0	0.79	15.0	106	697	20.52	2.91	1.11	11.12	0.69	0.29	6.16
合计	20 852.50	8.3	11.3	0.71	15.0	79	610	15.30	1.57	0.97	10.80	0.64	0.28	5.89

第二节 濮阳市一等地耕地分布与主要特征

一、一等地面积与分布

在濮阳市 31 种质地构型中，一等地占 7 种。其中，均质黏土、均质中壤、夹壤重壤、夹黏中壤、黏身中壤和黏底中壤占一等地面积较大。在分布上，范县、南乐、台前一等地质地构型面积较大，范县占濮阳市一等地总面积的 58.04%、南乐占濮阳市一等地总面积的 20.21%、台前占濮阳市一等地总面积的 16.15%、濮阳县占濮阳市一等地总面积的 4.87%、清丰占濮阳市一等地总面积的 0.72%（表 6-6）。

表 6-6　濮阳市一等地质地构型分布面积　　　　　　　　单位：公顷

县 区	夹黏中壤	夹壤重壤	均质黏土	均质中壤	黏底中壤	黏身中壤	壤身黏土	总 计
范 县	166.64	671.65	2 403.94	1 982.41	260.42		59.96	5 545.03
南 乐	343.35	45.01	420.14	675.70	64.98	381.07		1 930.24
濮 阳			465.63					465.63
清 丰				8.23	59.38	1.59		69.21
台 前			1 381.17	64.42		97.31		1 542.90
濮阳市	509.99	716.66	4 670.88	2 730.76	384.78	479.97	59.96	9 553.01

二、一等地主要属性

一等地是全市最好的土地，耕性好，通透性也好，保水保肥性能好，耕层多为中壤土、重壤土、重黏土、中黏土。耕地土壤有机质、有效磷、速效钾在不同质地构型中的含量统计如下（表 6-7、表 6-8、表 6-9）。

表 6-7　濮阳市一等地质地构型养分含量统计表

质地构型		一等地有机质						
		夹黏中壤	夹壤重壤	均质黏土	均质中壤	黏底中壤	黏身中壤	壤身黏土
样本数（个）	范县	6	43	99	99	21		6
	南乐	9	3	9	23	5	19	
	濮阳			3				
	清丰				4	3	1	
	台前			63	3		9	
平均值（克/千克）	范县	19.0	19.2	19.8	19.6	20.2		24.1
	南乐	16.0	15.2	15.1	17.7	16.2	15.9	
	濮阳			17.9				
	清丰				13.0	16.2	14.6	
	台前			18.3	19.2		18.6	

（续表）

一等地有机质							
质地构型		夹黏中壤	夹壤重壤	均质黏土	均质中壤	黏底中壤	黏身中壤	壤身黏土
最大值 （克/千克）	范县	21.5	24.0	25.1	25.5	24.5		33.4
	南乐	17.9	16.6	18.0	25.9	18.6	19.0	
	濮阳			18.7				
	清丰				13.5	17.9	14.6	
	台前			20.5	19.9		19.6	
最小值 （克/千克）	范县	16.9	15.4	15.4	16.1	16.9		20.8
	南乐	14.4	13.8	14.0	14.0	12.2	12.0	
	濮阳			17.4				
	清丰				12.5	15.2	14.6	
	台前			14.6	18.6		16.8	
标准偏差	范县	1.59	2.31	2.05	1.48	2.41		4.72
	南乐	1.42	1.40	1.18	3.00	2.63	1.62	
	濮阳			0.68				
	清丰				0.50	1.48		
	台前			1.34	0.66		0.90	
变异系数 （%）	范县	8.36	12.01	10.35	7.58	11.91		19.64
	南乐	8.83	9.21	7.78	16.96	16.20	10.21	
	濮阳			3.80				
	清丰				3.83	9.13		
	台前			7.35	3.42		4.84	

表 6-8　濮阳市一等地质地构型养分含量统计表

一等地有效磷							
质地构型		夹黏中壤	夹壤重壤	均质黏土	均质中壤	黏底中壤	黏身中壤	壤身黏土
样本数 （个）	范县	6	43	99	99	21		6
	南乐	9	3	9	23	5	19	
	濮阳			3				
	清丰				4	3	1	
	台前			63	3		9	
平均值 （毫克/千克）	范县	43.0	37.8	37.3	38.1	38.3		53.0
	南乐	25.6	25.4	21.0	26.4	26.2	21.7	
	濮阳			23.1				
	清丰				23.5	23.8	20.3	
	台前			28.5	28.3		23.9	
最大值 （毫克/千克）	范县	47.5	54.2	56.9	60.4	55.1		64.1
	南乐	42.7	27.2	25.7	47.2	29.7	26.6	
	濮阳			24.8				
	清丰				25.4	28.9	20.3	
	台前			47.0	29.8		30.3	

（续表）

一等地有效磷							
质地构型		夹黏中壤	夹壤重壤	均质黏土	均质中壤	黏底中壤	黏身中壤	壤身黏土
最小值 （毫克/千克）	范县	37.9	18.9	19.2	23.7	26.0		37.9
	南乐	19.5	23.0	14.5	19.1	22.0	14.8	
	濮阳			20.8				
	清丰				21.5	18.5	20.3	
	台前			17.1	25.4		20.1	
标准偏差	范县	4.12	8.60	9.40	7.73	8.95		8.84
	南乐	7.52	2.15	3.38	5.98	3.73	3.18	
	濮阳			2.07				
	清丰				1.69	5.21		
	台前			6.42	2.48		3.37	
变异系数 （%）	范县	9.58	22.77	25.20	20.27	23.39		16.70
	南乐	29.40	8.48	16.10	22.62	14.24	14.66	
	濮阳			8.95				
	清丰				7.20	21.84		
	台前			22.55	8.79		14.09	

表 6－9　濮阳市一等地质地构型养分含量统计表

一等地速效钾							
质地构型		夹黏中壤	夹壤重壤	均质黏土	均质中壤	黏底中壤	黏身中壤	壤身黏土
样本数 （个）	范县	6	43	99	99	21		6
	南乐	9	3	9	23	5	19	
	濮阳			3				
	清丰				4	3	1	
	台前			63	3		9	
平均值 （毫克/千克）	范县	101	122	123	114	120		160
	南乐	108	133	140	112	124	114	
	濮阳			140				
	清丰				139	133	122	
	台前			196	149		189	
最大值 （毫克/千克）	范县	136	164	203	209	208		221
	南乐	126	162	165	153	135	141	
	濮阳			147				
	清丰				167	178	122	
	台前			248	170		220	
最小值 （毫克/千克）	范县	69	92	80	80	84		131
	南乐	95	114	90	78	112	92	
	濮阳			127				
	清丰				125	89	122	
	台前			142	137		142	

（续表）

一等地速效钾							
质地构型		夹黏中壤	夹壤重壤	均质黏土	均质中壤	黏底中壤	黏身中壤	壤身黏土
标准偏差	范县	30.89	18.75	27.62	21.46	34.03		38.39
	南乐	9.97	25.51	25.23	19.99	11.26	17.63	
	濮阳			11.02				
	清丰				19.09	44.50		
	台前			21.51	18.01		28.22	
变异系数（%）	范县	30.69	15.41	22.40	18.76	28.33		23.99
	南乐	9.26	19.18	18.06	17.91	9.11	15.45	
	濮阳			7.89				
	清丰				13.76	33.38		
	台前			11.00	12.06		14.92	

三、合理利用

一等地作为全市的粮食稳产高产田。应进一步完善排灌工程，建设标准粮田，实行节水灌溉。平衡施肥，适当减少氮肥用量，补施钾肥，增施有机肥，增强秸秆还田力度，推广配方施肥，扩大配方施肥面积。

第三节　濮阳市二等地耕地分布与主要特征

一、二等地面积与分布

在濮阳市 31 种质地构型中，二等地占 19 种。其中，均质中壤、均质黏土、黏身中壤、黏底中壤、壤身黏土、砂底黏土和壤底黏土占二等地面积较大。在分布上，濮阳县、清丰、范县二等地面积较大，濮阳县占濮阳市二等地总面积的 31.72%、清丰占濮阳市二等地总面积的 24.53%，范县占濮阳市二等地总面积的 20.58%、南乐占濮阳市二等地总面积的 14.32%、台前占濮阳市二等地总面积的 8.85%（表 6 - 10）。

表 6 - 10　濮阳市二等地质地构型分布面积　　　　　　　单位：公顷

县区	夹黏轻壤	夹黏砂壤	夹黏中壤	夹壤重壤	夹砂中壤	均质黏土	均质轻壤	均质中壤	黏底轻壤	黏底中壤
范县			200.48	589.27		2 817.92	199.69	5 109.96	248.62	788.91
南乐	287.50		127.19	349.17		594.89	176.70	4 839.34	756.21	2 237.65
濮阳		292.48	55.81	1 035.85	123.52	7 364.41	5.18	4 872.90	188.31	2 508.72
清丰	16.34	15.86	753.07	141.66		1 410.66	7.29	7 675.80	74.36	3 060.50
台前		2.58			28.77	3 040.46		1 140.96	19.71	354.82
濮阳市	303.84	310.93	1 136.55	2 115.95	152.28	15 228.34	388.85	23 638.96	1 287.21	8 950.60

（续表）

县区	黏身轻壤	黏身砂壤	黏身中壤	壤底黏土	壤身黏土	壤身重壤	砂底黏土	砂底中壤	砂底重壤	总　计
范县	63.52			401.01	3 710.67		1 960.18	122.21	329.22	16 541.68
南乐	8.37		1 959.36		173.26					11 509.64
濮阳	428.05		2 190.14	2 005.58	1 578.25	1 251.96	1 589.20	10.27		25 500.63
清丰	762.68		5 793.06			6.55				19 717.84
台前	179.21	8.12	705.55	161.56	1 125.35		344.04			7 111.14
濮阳市	1 441.83	8.12	10 648.11	2 568.16	6 587.53	1 258.52	3 893.43	132.48	329.22	80 380.92

二、二等地主要属性

二等地是全市较好的土地，耕层土壤质地以轻黏土、中壤土、重壤土、中黏土为主，宜耕性及通透性都较好，保水保肥能力较强。耕地土壤有机质、有效磷、速效钾在不同质地构型中的含量统计如下（表 6 - 11、表 6 - 12、表 6 - 13）。

三、合理利用

二等地作为全市的粮食高产、稳产区域。要进一步完善排灌工程，建设标准粮田，实行完全保灌溉，加强秸秆还田力度，采取有效措施增施有机肥，增加土壤有机质含量，进一步培肥地力。大力推广配方施肥技术，扩大配方施肥面积，平衡施肥，适当减少氮肥用量，补施钾肥，保证粮食作物高产稳产对养分的合理需求，提高粮食作物单位面积产量，确保粮食生产的安全性。

表6-11 濮阳市二等地质地构型养分含量统计表

二等地有机质

质地构型	县	夹黏轻壤	夹黏砂壤	夹黏中壤	夹壤重壤	夹砂中壤	均质黏土	均质轻壤	均质中壤	黏底轻壤	黏底中壤	黏身轻壤	黏身砂壤	黏身中壤	壤底黏土	壤身黏土	壤身重壤	砂底黏土	砂底中壤	砂底重壤
样本数(个)	范县	15		11	38		180	18	234	18	30	7		51	9	161		107	4	8
	南乐		8	9	9		28	6	139	30	35	4		29	28	4	9	12	2	
	濮阳		2	2	13	4	72	1	68	5	42	14		85		12	2			
	清丰	4	2	45	2		14	3	185	10	101	11		45	14	50		14		
	合前					5	157		53		13	10	2							
平均值(克/千克)	范县	11.8		15.5	15.8		15.3	22.5	15.5	17.9	15.6	16.6		14.2	17.4	17.2		17.8	21.3	20.2
	南乐		13.4	15.5	13.9		13.1	16.2	13.2	13.6	13.2	11.4		16.7	15.2	12.8	14.3	16.9	20.8	
	濮阳		10.1	14.0	16.0	17.6	15.7	21.3	14.9	15.6	15.5	15.1		12.5		16.7	14.1			
	清丰	11.4	13.5	12.6	12.3		12.4	14.0	12.5	13.4	12.6	11.5		14.1	12.6	14.6		16.6		
	合前					18.4	14.6		13.0		12.9	12.1	15.3							
最大值(克/千克)	范县	16.5		17.3	20.3		18.9	26.1	20.2	21.0	18.4	19.1		18.6	20.1	27.8		23.1	23.2	22.2
	南乐		13.7	18.1	17.3		16.5	17.2	20.6	18.9	16.1	12.8		17.5	17.7	14.1	17.5	18.2	20.8	
	濮阳		10.1	14.2	18.5	18.8	19.0	21.3	18.8	18.4	17.1	19.1		15.9		19.2	15.0			
	清丰	13.6	14.0	14.5	15.0		14.3	14.7	15.6	14.1	17.0	13.2		20.6	14.5	22.0		20.3		
	合前					21.4	19.9		17.5		16.4	15.7	15.5							
最小值(克/千克)	范县	8.50		12.9	11.8		8.30	18.2	8.60	14.1	11.8	15.0		10.3	14.0	11.1		13.9	20.2	18.8
	南乐		13.2	14.8	11.5		8.70	15.6	9.10	10.2	8.30	10.9		15.0	12.5	11.6	13.2	15.4	20.7	
	濮阳		10.1	13.7	14.2	16.5	12.4	21.3	12.8	13.4	12.3	13.6		8.60		12.3	13.2			
	清丰	8.80	13.0	9.40	9.60		10.9	12.7	9.50	11.7	9.10	10.4		9.70	9.80	10.4		13.6		
	合前					15.4	10.0		8.70		9.80	9.30	15.1							
标准偏差	范县	2.28		1.54	1.94		2.11	2.69	1.89	1.67	1.49	1.41		1.90	1.98	3.23		1.71	1.31	1.02
	南乐		0.25	1.13	1.55		1.86	0.72	1.89	1.99	1.58	0.92		0.49	1.40	1.03	1.27	0.92	0.07	
	濮阳		0.00	0.35	1.46	0.96	1.41		1.41	2.19	1.42	1.68		1.19		2.22	1.27			
	清丰	2.46	0.93	0.93	3.82		0.80	1.15	1.25	0.65	1.22	0.81		2.62	1.21	2.20		2.50		
	合前					2.37	2.21		2.03		2.12	2.50	0.28							
变异系数(%)	范县	19.33		9.96	12.26		13.76	11.94	12.20	9.33	9.54	8.50		13.32	11.37	18.81		9.64	6.16	5.07
	南乐		1.85	7.29	11.14		14.23	4.42	14.33	14.63	11.96	8.07		2.95	9.24	8.11	8.88	5.42	0.34	
	濮阳		0.00	2.53	9.10	5.45	8.93		9.50	14.03	9.15	11.17		9.59		13.33	9.03			
	清丰	21.64	5.24	7.36	31.04		6.45	8.23	10.02	4.85	9.69	7.10		18.57	9.61	15.06		15.02		
	合前					12.90	15.11		15.62		16.44	20.69	1.85							

表6-12　濮阳市二等地质地构型养分含量统计表

二等地有效磷

质地构型		夹黏轻壤	夹黏砂壤	夹黏中壤	夹壤重壤	夹砂中壤	均质黏土	均质轻壤	均质中壤	黏底轻壤	黏底中壤	黏身轻壤	黏身砂壤	黏身中壤	壤底黏土	壤身黏土	壤身重壤	砂底黏土	砂底中壤	砂底重壤
样本数（个）	范县	15		11	38		180	18	234	18	30	7		51	9	161		107	4	8
	南乐		8	9	9		28	6	139	30	35	4		29	28	4	9			
	濮阳		2	2	13	4	72	1	68	5	42	14		85	14	12	2	12	2	
	清丰	4	2	45	2		14	3	185	10	101	11	2	45						
	合前					5	157		53	3	13	10			14	50		14		
平均值（毫克/千克）	范县	15.4		18.4	24.8		25.7	39.0	25.7	38.7	26.2	38.1		16.0	29.1	30.4		30.4	45.1	36.9
	南乐		15.2	19.5	15.0		14.5	29.1	16.8	23.7	17.9	10.6		14.1	15.0	12.4	13.1	17.8	24.6	
	濮阳		13.5	12.3	13.7	19.7	14.5	28.3	13.9	19.1	14.6	12.9		16.0	15.7	17.6	14.8			
	清丰	18.4	15.5	13.2	14.6		15.2	29.5	15.9	18.7	15.9	13.5	19.5	17.1						
	合前					20.4	17.2		16.7	25.4	18.5	19.8				18.9		22.7		
最大值（毫克/千克）	范县	23.1		21.9	45.8		57.6	56.5	58.4	51.7	46.8	50.0		26.3	34.5	56.3		51.5	53.8	41.6
	南乐		16.0	22.2	23.5		22.0	32.6	31.4	32.4	31.2	12.7		17.6	19.4	18.5	14.4	20.5	24.6	
	濮阳		13.6	12.5	17.1	24.1	19.9	28.3	20.0	20.2	20.2	16.1		27.6	33.0	20.9	15.2			
	清丰	21.7	16.9	19.3	15.4		19.7	29.6	24.7	28.4	23.2	20.3	25.8	32.6						
	合前					26.8	38.0		32.6	26.9	36.7	27.8				39.0		35.8		
最小值（毫克/千克）	范县	9.8		13.4	10.7		10.8	26.8	12.5	22.0	15.1	31.3		7.3	24.3	11.5		14.3	39.2	27.5
	南乐		12.9	14.9	9.9		7.5	28.0	6.3	14.9	7.3	7.9		11.4	12.4	9.4	11.2	14.6	24.6	
	濮阳		13.3	12.1	10.3	14.4	8.9	28.3	11.4	18.1	11.1	11.2		7.4	7.0	12.2	14.4			
	清丰	13.7	14.0	8.7	13.8		6.6	29.3	7.3	15.9	9.3	10.3	13.1	4.5						
	合前					14.4	5.1		4.9	23.1	10.1	11.4				8.8		12.6		
标准偏差	范县	3.85		3.28	7.90		9.09	11.01	9.93	9.82	9.88	5.98		4.10	3.95	9.91		8.27	6.42	4.81
	南乐		1.09	2.81	4.13		4.22	1.77	4.59	5.22	4.29	1.98		1.85	1.93	4.27	0.96	1.69	0.00	
	濮阳		0.21	0.28	1.77	4.17	2.65		1.64	1.06	2.22	1.66		3.58		2.48	0.57			
	清丰	3.36	2.05	2.74	1.13		3.41	0.17	3.30	3.51	3.09	3.50	8.98	6.05	8.34					
	合前					4.47	5.79		6.72	2.00	6.75	4.92				6.03		5.77		
变异系数（%）	范县	25.08		17.81	31.87		35.33	28.23	38.68	25.35	37.68	15.69		25.69	13.54	32.61		27.23	14.26	13.05
	南乐		7.19	14.39	27.44		29.17	6.08	27.44	22.04	23.99	18.77		13.17	12.90	34.34	7.27	9.51	0.00	
	濮阳		1.58	2.30	12.94	21.21	18.24		11.80	5.53	15.19	12.84		22.45		14.09	3.82			
	清丰	18.29	13.27	20.72	7.75		22.43	0.59	20.82	18.78	19.46	25.87	46.17	35.46	53.21					
	合前					21.89	33.78		40.26	7.90	36.47	24.83				31.92		25.43		

表6－13　濮阳市二等地质地构型养分含量统计表

二等地速效钾

质地构型	县	夹黏轻壤	夹黏砂壤	夹黏中壤	夹壤重壤	夹砂中壤	均质黏土	均质轻壤	均质中壤	黏底轻壤	黏底中壤	黏身轻壤	黏身砂壤	黏身中壤	壤底黏土	壤身黏土	壤身重壤	砂底黏土	砂底中壤	砂底重壤
样本数（个）	范县	15		11	38		180	18	234	18	30	7		51	9	161		107	4	8
	南乐		8	9	9		28	6	139	30	35	4				4				
	濮阳		2		13	4	72	1	68	5	42	14		29	28	12	9	12	2	
	清丰	4	2	45	2		14	3	185	10	101	11		85	14	50	2			
	合前					5	157		53	3	13	10	2	45				14		
平均值（毫克/千克）	范县	80		117	120		115	118	105	120	95	86		103	92	114		128	102	111
	南乐		103	102	92		120	103	98	104	102	80				105				
	濮阳		63		106	102	103	99	100	111	101	98		99	103	117	94	133	143	
	清丰	65	188	99	87		94	108	95	103	92	87		92	155	158	88			
	合前					177	149		141	167	119	122	172	136				119		
最大值（毫克/千克）	范县	110		138	175		186	200	166	176	190	98		142	111	201		189	103	120
	南乐		104	120	150		177	135	196	170	158	92				122				
	濮阳		63		135	126	138	99	129	127	149	141		128	147	134	114	151	144	
	清丰	88	199	137	88		123	122	167	112	148	126		125	209	222	90			
	合前					195	251		227	167	181	180	187	214				236		
最小值（毫克/千克）	范县	49		102	69		65	85	57	60	67	58		65	69	63		85	100	100
	南乐		101	88	61		78	63	59	68	69	75				83				
	濮阳		63		79	89	78	99	81	91	79	88		89	80	93	79	116	142	
	清丰	50	176	84	85		73	101	48	89	49	70		62	119	83	86			
	合前					158	66		74	166	74	69	156	56				77		
标准偏差	范县	15.73		12.79	24.46		23.80	28.91	21.49	36.88	27.48	13.97		19.22	11.92	24.24		26.88	1.29	8.60
	南乐		1.51	10.85	34.56		23.90	28.12	21.04	23.20	18.33	8.22				16.43				
	濮阳		0.00		18.91	16.60	16.87		11.29	18.53	11.56	17.25		12.65	16.26	13.78	11.94	9.63	1.41	
	清丰	17.78	16.26	8.92	2.12		15.10	12.12	22.93	6.63	17.85	14.94		13.95	29.54	33.56	2.83			
	合前					14.94	42.68		46.57	0.58	45.31	36.86	21.92	45.50				41.60		
变异系数（%）	范县	19.69		10.97	20.44		20.78	24.53	20.55	30.66	28.89	16.17		18.69	13.00	21.25		21.02	1.27	7.78
	南乐		1.47	10.67	37.43		19.98	27.26	21.40	22.31	18.04	10.31				15.65				
	濮阳		0.00		17.84	16.24	16.39		11.33	16.66	11.49	17.61		12.74	15.80	11.79	12.70	7.25	0.99	
	清丰	27.35	8.67	9.04	2.45		16.02	11.23	24.07	6.46	19.33	17.10		15.15	19.05	21.19	3.21			
	合前					8.46	28.70		32.98	0.35	38.22	30.14	12.78	33.38				35.04		

第四节 濮阳市三等地耕地分布与主要特征

一、三等地面积与分布

在濮阳市 31 种质地类型中，三等地占 19 种。其中，均质轻壤、壤身砂壤、黏底轻壤占三等地面积较大。在分布上，濮阳县、清丰、南乐三等地面积较大，濮阳县占濮阳市三等地总面积的 33.48%、清丰占濮阳市三等地总面积的 30.96%、南乐占濮阳市三等地总面积的 22.94%，范县占濮阳市三等地总面积的 10.57%。台前占濮阳市三等地总面积的 2.04%（表 6-14）。

表 6-14 濮阳市三等地质地构型分布面积 单位：公顷

县区	夹黏砂壤	夹壤砂壤	夹砂轻壤	均质轻壤	均质砂壤	黏底轻壤	黏底砂壤	黏身砂壤	壤底黏土	壤底砂壤
范县			41.41	4 185.26	8.04	96.54				
南乐				12 499.96		1 580.34				
濮阳	297.05		494.37	2 005.91	11.95	1 011.35	1 756.99		158.00	606.34
清丰		4.78		18 582.66		586.28				
台前	61.45		43.02	12.17		18.84	248.71	307.65	19.19	
濮阳市	358.50	4.78	578.79	37 285.95	19.98	3 293.35	2 005.70	307.65	177.19	606.34

县区	壤身黏土	壤身砂壤	壤身重壤	砂底黏土	砂底轻壤	砂底中壤	砂身轻壤	砂身中壤	砂身重壤	总 计
范县	170.00			664.26	10.55	22.55	104.42	1 072.94	249.20	6 625.17
南乐		246.34		22.06		27.30				14 376.00
濮阳	131.06	10 727.08	246.09	862.02		2 023.44		383.34	262.48	20 977.50
清丰		227.96								19 401.70
台前	45.94			355.77		165.92				1 278.64
濮阳市	347.00	11 201.37	246.09	1 904.11	10.55	2 239.20	104.42	1 456.28	511.68	62 658.90

二、三等地主要属性

三等地耕层土壤质地以中壤土、重壤土、轻黏土为主，宜耕性及土壤通透性良好，但土壤肥力偏低。耕地土壤有机质、有效磷、速效钾在不同质地构型中的含量统计如下（表 6-15、表 6-16、表 6-17）。

表6-15 濮阳市三等地质地构型养分含量统计表

（三等地地质构质 / 三等地有机质）

质地构型		夹黏砂壤	夹壤砂壤	夹砂轻壤	均质轻壤	均质砂壤	黏底轻壤	黏底砂壤	黏身砂壤	壤底黏土	壤底砂壤	壤身黏土	壤身砂壤	壤身重壤	砂底黏土	砂底轻壤	砂底中壤	砂身轻壤	砂身中壤	砂身重壤
样本数（个）	范县	4		4	117	4	10					17			58	3	3	3	47	16
	南乐				298		55						4		1		3		10	2
	濮阳		1	8	43	2	23	14		5	23	3	92	2	17		25			
	清丰	5		3	368		20	11	10	1		7	17		19		2			
	合前				12		7													
平均值（克/千克）	范县	15.1		13.1	17.4	24.3	14.7					11.7			14.7	21.2	16.3	21.7	20.3	18.1
	南乐				13.4		12.5						11.5		9.60		20.8		20.1	18.5
	濮阳		7.70	15.9	16.2	20.2	14.3	16.2		14.6	15.0	14.3	14.7	14.1	14.6		17.1			
	清丰	11.1		16.0	12.8		11.7	15.1	11.7	13.2		12.0	9.01		13.0		15.6			
	合前			15.0	13.4		15.0													
最大值（克/千克）	范县	16.4		15.0	22.7	26.0	18.5					15.7			17.0	21.3	17.2	22.6	28.0	21.6
	南乐				19.8		15.6						13.2		9.60		28.3		21.7	18.7
	濮阳		7.70	16.6	19.0	20.2	16.3	17.4		15.1	17.2	14.6	16.6	14.1	16.7		18.7			
	清丰	14.9		18.3	19.5		13.4	20.9	13.3	13.2		14.1	10.9		14.9		15.9			
	合前				17.9		16.9													
最小值（克/千克）	范县	13.8		11.4	12.3	23.0	12.2					8.70			10.7	21.0	15.8	21.0	17.1	16.2
	南乐				9.60		9.70						9.70		9.60		13.9		18.0	18.2
	濮阳		7.70	14.9	12.6	20.2	13.1	15.4		13.8	13.9	13.9	13.0	14.0	13.7		15.2			
	清丰	8.70		14.7	9.20		8.90	13.2	10.5	13.2		9.20	7.50		11.3		15.2			
	合前				11.3		14.3													
标准偏差	范县	1.12		1.48	2.45	1.27	2.33					1.43			1.67	0.17	0.81	0.81	2.11	1.30
	南乐				1.63		1.72						1.81				7.22		1.15	0.35
	濮阳			0.68	1.20	0.00	1.02	0.65		0.60	0.80	0.38	0.72	0.07	0.86		0.91			
	清丰	2.54		1.97	1.46		1.16	2.53	0.96			1.91	0.95		1.24		0.49			
	合前				1.81		1.01													
变异系数（%）	范县	7.43		11.30	14.06	5.23	15.79					12.17			11.40	0.82	4.97	3.72	10.40	7.15
	南乐				12.23		13.71						15.70				34.78		5.70	1.92
	濮阳			4.27	7.41	0.00	7.14	4.04		4.10	5.36	2.64	4.90	0.50	5.86		5.33			
	清丰	22.87		12.31	11.36		9.91	16.76	8.23			15.88	10.54		9.57		3.18			
	合前				13.52		6.77													

表6-16　濮阳市三等地质地构型养分含量统计表

三等地有效磷

质地构型	县	夹黏砂壤	夹壤砂壤	均质轻壤	均质砂壤	黏底轻壤	黏底砂壤	黏身砂壤	壤底黏土	壤底砂壤	壤身黏土	壤身砂壤	壤身重壤	砂底黏土	砂底轻壤	砂底中壤	砂身轻壤	砂身中壤	砂身重壤
样本数（个）	范县			117	4	10					17			58	3	3	3	47	16
	南乐	4		298		55						4		1		3			
	濮阳			43	2	23	14		5		3	92	1	17		25		10	2
	清丰		1	368		20	11			23		17	2						
	台前	5		12		7		10			7			19		2			
平均值（毫克/千克）	范县			36.4	44.6	24.6					15.9			20.2	31.0	14.9	46.7	34.1	33.8
	南乐	13.5		18.1		15.1						13.3		6.8		14.9			
	濮阳			16.1	24.3	14.5	13.4		12.6		13.5	12.9		13.6		17.9		25.2	20.5
	清丰		18.3	17.2		14.7	27.6			13.5		17.8	13.3						
	台前	11.8		27.4		17.8		13.0	6.8		9.5			15.4		16.0			
最大值（毫克/千克）	范县			58.7	50.9	29.8					18.4			27.9	31.4	15.5	49.0	45.4	42.6
	南乐	14.5		45.5		29.2						16.6		6.8		20.8			
	濮阳			33.0	24.3	17.1	14.8		13.7		14.3	15.6		16.9		29.2		33.3	21.0
	清丰		18.3	30.9		19.9	36.7			15.7		26.8	14.0						
	台前	16.0		30.7		21.7		22.2	6.8		14.0			23.2		18.2			
最小值（毫克/千克）	范县			13.2	39.9	14.9					11.1			14.0	30.1	13.8	42.3	21.4	25.0
	南乐	11.8		4.5		7.0						10.6		6.8		9.9			
	濮阳			12.0	24.3	10.8	11.5		11.2		13.0	9.4		10.8		10.1		16.5	19.9
	清丰		18.3	9.0		10.7	19.1			10.5		13.1	12.6						
	台前	11.7		16.0		14.5		7.2	6.8		7.0			8.1		13.7			
标准偏差	范县			11.80	4.59	6.39					2.16			3.42	0.75	0.98	3.78	5.89	5.17
	南乐	1.23		6.41		3.59						2.48				5.51			
	濮阳			3.25	0.00	2.01	0.92		1.09		0.68	1.08		1.46		4.33		5.19	0.78
	清丰			3.48		2.35	5.02			0.96		4.45	0.99						
	台前	3.20		5.52		2.67		4.42			2.88			4.48		3.18			
变异系数（%）	范县			32.39	10.28	25.99					13.59			16.88	2.42	6.57	8.11	17.26	15.32
	南乐	9.11		35.41		23.77						18.61				37.09			
	濮阳			20.17	0.00	13.87	6.88		8.62		5.03	8.38		10.72		24.18		20.57	3.80
	清丰			20.24		16.01	18.16			7.11		25.02	7.44						
	台前	27.24		20.13		14.99		34.03			30.21			29.05		19.95			

表6-17 濮阳市三等地质地构型养分含量统计表

三等地速效钾

质地构型	县区	夹黏砂壤	夹壤砂壤	夹砂轻壤	均质轻壤	均质砂壤	黏底轻壤	黏底砂壤	黏身砂壤	壤底黏土	壤底砂壤	壤身黏土	壤身砂壤	壤身重壤	砂底黏土	砂底轻壤	砂底中壤	砂身轻壤	砂身中壤	砂身重壤
样本数(个)	范县	4		4	117	4	10					17			58	3	3	3	47	16
	南乐				298	2	55						4		1		3		10	2
	濮阳		1	8	43		23	14		5	23	3	92	2	17		25			
	清丰				368		20						17				2			
	台前	5		3	12		7	11	10	1		7			19					
平均值(毫克/千克)	范县	84		117	98	117	89					101			106	95	108	104	106	115
	南乐				97	141	88						85		70		83		127	129
	濮阳		68	103	113		98	95		92	96	80	95	85	101		105			
	清丰				90		82						64				133			
	台前	156		185	149		182	145	163	135		95			115					
最大值(毫克/千克)	范县	96		158	173	126	127					138			179	96	109	110	148	145
	南乐				157	141	116						103		70		89		144	133
	濮阳		68	120	157		108	119		98	129	83	123	90	124		130			
	清丰				159		101						91				138			
	台前	199		203	229		189	192	191	135		126			151					
最小值(毫克/千克)	范县	73		60	49	110	78					69			75	94	108	95	72	95
	南乐				56	141	55						72		70		78		98	125
	濮阳		68	92	82		78	88		86	88	76	74	79	83		84			
	清丰				50		69						50				127			
	台前	98		170	136		171	79	102	135		65			77					
标准偏差	范县	9.83		8.52	26.83	7.90	16.53					17.33			21.01	1.15	0.58	7.94	14.61	14.55
	南乐				19.67	0.00	14.92						14.15				5.69		16.48	5.66
	濮阳			35.65	18.41		8.28	8.01		5.85	10.68	3.61	10.30	7.78	9.56		12.88			
	清丰				15.63		9.06						12.07				7.78			
	台前	37.26		16.80	26.31		6.37	40.45	28.27											
变异系数(%)	范县	11.70			27.50	6.78	18.63					17.18			19.84	1.21	0.53	7.63	13.81	12.68
	南乐				20.27	0.00	16.93						16.75				6.88		13.02	4.39
	濮阳				16.23		8.47	8.42		6.34	11.13	4.51	10.85	9.20	9.50		12.26			
	清丰				17.28		11.10						19.00				5.87			
	台前	23.89		9.10	17.70		3.51	27.95	17.30			18.89			21.22					

三、合理利用

三等地基本是以粮食生产为主的粮食生产区。在保证灌溉能力的前提下，重点是增加土壤有机质含量，改善土壤结构，培肥地力，提高土壤基本肥力，平衡、科学施肥，提高耕地生产能力和粮食作物单位面积产量，保证全市粮食单产的平衡发展。

第五节　濮阳市四等地耕地分布与主要特征

一、四等地面积与分布

在濮阳市 31 种质地类型中，四等地占 14 种，其中，均质轻壤、均质砂壤、砂身轻壤、砂身中壤和砂身重壤占四等地面积较大。在分布上，濮阳县、清丰、南乐四等地面积较大，濮阳县占濮阳市四等地总面积的 52.80%、清丰占濮阳市四等地总面积的 17.78%、南乐占濮阳市四等地总面积的 14.18%，台前占濮阳市四等地总面积的 8.43%、范县占濮阳市四等地总面积的 6.81%（表 6 - 18）。

表 6 - 18　濮阳市四等地质地构型分布面积　　　　单位：公顷

县区	夹壤砂土	夹砂轻壤	均质轻壤	均质砂壤	均质砂土	黏底轻壤	黏底砂壤	壤底砂壤
范县			1 641.42	2 619.22	25.24			
南乐			10 507.16	788.40	4.07	50.02		
濮阳		254.49	2 895.17	3 904.49	5.75	364.76	267.16	288.86
清丰			11 601.48	2 117.10		44.16	342.97	
台前	1.53	1.65	277.77	1 044.71			76.81	
濮阳市	1.53	256.14	26 922.99	10 473.92	35.07	458.95	686.94	288.86

县区	壤身砂壤	砂底轻壤	砂底中壤	砂身轻壤	砂身中壤	砂身重壤	总计
范县	67.06	8.97		371.69	218.56	535.45	5 487.60
南乐			4.78			68.68	11 423.11
濮阳	937.51	2 184.10	1 673.67	12 266.15	14 096.81	3 389.16	42 528.09
清丰	104.35	115.28					14 325.35
台前			141.11	3 986.28	838.54	420.32	6 788.72
濮阳市	1 108.92	2 308.35	1 819.56	16 624.12	15 153.91	4 413.62	80 552.87

二、四等地主要属性

四等地耕层土壤质地以轻壤土、中壤土、重壤土为主，土壤质地较粗，保水、保肥能力差，宜耕性好，土壤肥力偏低。耕地土壤有机质、有效磷、速效钾在不同质地构型中的含量统计如下（表 6 - 19、表 6 - 20、表 6 - 21）。

表 6－19　濮阳市四等地质地构型养分含量统计表

四等地有机质

统计项目	县	夹壤砂土	夹砂轻壤	均质轻壤	均质砂壤	均质砂土	黏底轻壤	黏底砂壤	壤底砂壤	壤身砂壤	砂底轻壤	砂底中壤	砂身轻壤	砂身中壤	砂身重壤
样本数（个）	范县			58	95	5	5			4	2	1	29	21	34
	南乐			238	40	3				10	56	30	108	132	3
	濮阳		3	50	58	1		15	6						61
	清丰	1		258	107		5	14		8					
	台前		1	18	53		2	1			6	9	178	49	20
平均值（克/千克）	范县			13.3	16.0	22.1	11.2			9.63	20.1	11.2	16.7	16.6	14.9
	南乐			11.5	12.1	15.0				13.9	15.2	14.6	15.6	15.2	10.4
	濮阳		14.2	14.4	15.3	19.9		15.2	13.5						15.0
	清丰	12.8		11.7	11.6		14.3	11.1		9.65					
	台前		14.5	13.2	13.4		9.40	10.6			11.4	10.7	13.8	13.5	13.2
最大值（克/千克）	范县			16.0	25.0	23.7	15.6			10.7	20.1	11.2	22.3	19.6	17.7
	南乐			16.4	17.7	19.0				14.2	17.4	16.5	18.9	17.8	11.4
	濮阳		14.5	16.8	20.2	19.9		17.4	13.6						19.2
	清丰	12.8		14.8	15.1		14.8	13.7		10.9					
	台前		14.5	15.4	18.7		10.3	10.6			14.0	14.6	21.3	15.8	16.0
最小值（克/千克）	范县			10.2	11.4	20.4	9.00			8.90	20.1	11.2	12.1	14.9	10.5
	南乐			7.30	8.10	12.9				13.3	13.8	13.2	13.3	13.3	9.50
	濮阳		13.6	13.1	13.7	19.9		10.9	13.3						13.0
	清丰	12.8		7.10	8.50		14.1	9.10		7.80					
	台前		14.5	10.0	9.30		8.50	10.6			9.80	7.60	8.70	10.6	9.50
标准偏差	范县			1.32	3.23	1.18	2.62			0.85	0.00		2.78	1.29	2.00
	南乐			1.74	2.00	3.47				0.36	0.98	0.88	1.34	1.07	0.95
	濮阳		0.49	0.87	1.19			1.81	0.11						1.41
	清丰			1.31	1.35		0.30	1.16		1.01					
	台前			1.71	2.18		1.27				1.57	2.45	2.14	1.04	1.59
变异系数（%）	范县			9.88	20.21	5.34	23.34			8.79	0.00		16.68	7.78	13.45
	南乐			15.09	16.50	23.10				2.61	6.43	6.03	8.63	7.01	9.11
	濮阳		3.48	6.04	7.74			11.94	0.81						9.42
	清丰			11.16	11.63		2.12	10.41		10.44					
	台前			12.91	16.28		13.54				13.75	22.89	15.53	7.69	12.02

表6-20　濮阳市四等地质地构型养分含量统计表

四等地有效磷

质地构型	县	夹黏砂壤	夹壤砂壤	夹砂轻壤	均质轻壤	均质砂壤	黏底轻壤	黏底砂壤	黏身砂壤	壤底黏土	壤底砂壤	壤身黏土	壤身砂壤	壤身重壤	砂底黏土	砂底轻壤	砂底中壤	砂身轻壤	砂身中壤	砂身重壤
样本数（个）	范县			4	117	4	10					17			58	3	3	3	47	16
	南乐			8	298	2	55				23		4		1					
	濮阳	4			43		23	14		5		3	92	2	17		25		10	2
	清丰		1		368		20	11					17							
	台前	5		3	12		7		10	1		7			19		2			
平均值（毫克/千克）	范县			25.3	36.4	44.6	24.6					15.9			20.2	31.0	14.9	46.7	34.1	33.8
	南乐			14.9	18.1	24.3	15.1				13.5		13.3		6.8					
	濮阳	13.5			16.1		14.5	13.4		12.6		13.5	12.9	13.3	13.6		17.9		25.2	20.5
	清丰		18.3		17.2		14.7	27.6					17.8							
	台前	11.8		18.1	27.4		17.8		13.0	6.8		9.5			15.4		16.0			
最大值（毫克/千克）	范县			30.0	58.7	50.9	29.8					18.4			27.9	31.4	15.5	49.0	45.4	42.6
	南乐			16.3	45.5	24.3	29.2				15.7		16.6		6.8					
	濮阳	14.5			33.0		17.1	14.8		13.7		14.3	15.6	14.0	16.9		20.8		33.3	21.0
	清丰		18.3		30.9		19.9	36.7					26.8							
	台前	16.0		25.4	30.7		21.7		22.2	6.8		14.0			23.2		18.2			
最小值（毫克/千克）	范县			20.9	13.2	39.9	14.9					11.1			14.0	30.1	13.8	42.3	21.4	25.0
	南乐			12.5	4.5	24.3	7.0				10.5		10.6		6.8					
	濮阳	11.8			12.0		10.8	11.5		11.2		13.0	9.4	12.6	10.8		9.9		16.5	19.9
	清丰		18.3		9.0		10.7	19.1					13.1							
	台前	7.5		11.7	16.0		14.5		7.2	6.8		7.0			8.1		13.7			
标准偏差	范县			4.03	11.80	4.59	6.39					2.16			3.42	0.75	0.98	3.78	5.89	5.17
	南乐			1.26	6.41	0.00	3.59				0.96		2.48				5.51			
	濮阳	1.23			3.25		2.01	0.92		1.09		0.68	1.08	0.99	1.46		4.33		5.19	0.78
	清丰				3.48		2.35	5.02					4.45							
	台前	3.20		6.89	5.52		2.67		4.42			2.88			4.48		3.18			
变异系数（%）	范县			15.91	32.39	10.28	25.99					13.59			16.88	2.42	6.57	8.11	17.26	15.32
	南乐			8.49	35.41	0.00	23.77				7.11		18.61				37.09			
	濮阳	9.11			20.17		13.87	6.88		8.62		5.03	8.38	7.44	10.72		24.18		20.57	3.80
	清丰				20.24		16.01	18.16					25.02							
	台前	27.24		38.09	20.13		14.99		34.03			30.21			29.05		19.95			

表6-21　濮阳市四等地质地构型养分含量统计表

四等地速效钾

质地构型	区域	夹壤砂土	夹砂轻壤	均质轻壤	均质砂壤	均质砂土	黏底轻壤	黏底砂壤	壤底砂壤	壤身砂壤	砂底轻壤	砂底中壤	砂身轻壤	砂身中壤	砂身重壤
样本数(个)	范县			58	95	5	5	15		4	2	1	29	21	34
	南乐		3	238	40	3	5	14		10	56	30	108	132	3
	濮阳			50	58	1	2	1	6	8	6	9	178	49	61
	清丰			258	107										20
	合计	1	1	18	53			1	6	8		9			
平均值(毫克/千克)	范县			83	96	106	62			75	106		98	95	104
	南乐			84	77	92	87	91		86	94	77	103	99	76
	濮阳		92	96	97	164	62	73	99	60	94	94	129	107	101
	清丰			80	78			101			61	118			140
	合计	193	208	130	147				6	8					
最大值(毫克/千克)	范县			164	197	115	79			91	106		115	131	146
	南乐		104	171	113	107	88	102	103	100	141	107	137	134	91
	濮阳			123	142	164	63	104		70	66				145
	清丰			147	115			101				127	227	194	228
	合计	193	208	200	224										
最小值(毫克/千克)	范县			55	50	93	51			62	106		75	67	67
	南乐		77	47	57	67	86	74	97	70	76	77	72	78	64
	濮阳			75	75	164	61	53		45	53	77			80
	清丰			45	47			101				90	64	76	83
	合计	193	208	92	70										
标准偏差	范县			18.88	30.98	10.16	10.65			12.52	0.00		11.82	14.31	19.57
	南乐		13.87	20.50	16.15	21.79	0.71	7.36	2.19	9.23	12.79	7.47	15.17	12.55	13.65
	濮阳			9.77	14.80		1.41	14.95		9.23	5.23		31.08	28.89	13.90
	清丰			13.71	13.52							11.46			
	合计			34.52	38.10								24.13		42.33
变异系数(%)	范县			22.83	32.11	9.55	17.18			16.69	0.00		12.05	15.09	18.74
	南乐		15.02	24.43	21.04	23.69	0.81	8.10	2.21	10.79	13.64	7.97	14.69	12.63	17.88
	濮阳			10.18	15.33		2.28	20.46		15.47	8.55		31.08		13.78
	清丰			17.06	17.39										
	合计			26.64	25.89							9.71	24.13	26.92	30.23

三、合理利用

四等地要强化提高灌溉保证能力，增施有机肥，增加秸秆还田量，提高土壤有机质含量，改善土壤结构，提高保水、保肥能力。在施肥方法上，要强调少施多次的方法减少流失，合理调整种植结构。

第六节　濮阳市五等地耕地分布与主要特征

一、五等地面积与分布

在濮阳市 31 种质地类型中，五等地占 14 种。其中，均质砂壤、砂身轻壤、均质砂土占五等地面积较大。在分布上，濮阳县、清丰、台前五等地质地构型面积较大，濮阳县占濮阳市五等地总面积的 30.90%、清丰占濮阳市五等地总面积的 37.26%、台前占濮阳市五等地总面积的 23.40%，范县占濮阳市五等地总面积的 4.32%、南乐占濮阳市五等地总面积的 4.13%（表 6 – 22）。

表 6 – 22　濮阳市五等地质地构型分布面积　　　　　　　　单位：公顷

县区	均质砂壤	均质砂土	砂身轻壤	砂身中壤	砂身重壤	总　　计
范县	514.14	371.13	4.00		11.26	900.52
南乐	342.07	518.94				861.01
濮阳	1 208.97	2 041.16	3 193.59			6 443.72
清丰	4 892.58	2 876.06				7 768.64
台前	784.80	540.06	3 503.30	23.80	26.66	4 878.61
濮阳市	7 742.55	6 347.34	6 700.90	23.80	37.92	20 852.50

二、五等地主要属性

五等地耕层土壤质地以轻壤土、砂壤土、紧砂土为主，土壤质地较粗，保水、保肥能力差，宜耕性好，土壤肥力偏低。耕地土壤有机质、有效磷、速效钾在不同质地构型中的含量统计如下（表 6 – 23、表 6 – 24、表 6 – 25）。

三、合理利用

五等地要强化提高灌溉保证能力，增施有机肥，增加秸秆还田量，提高土壤有机质含量，改善土壤结构，提高保水、保肥能力。在施肥方法上，要强调少施多次的方法减少养分流失，合理调整种植结构，增加适宜种植作物面积，提高农业经济效益。

表 6 – 23　濮阳市五等地质地构型养分含量统计表

		五等地有机质				
质地构型		均质砂壤	均质砂土	砂身轻壤	砂身中壤	砂身重壤
样本数（个）	范县	31	27	3		2
	南乐	29	79			
	濮阳	17	40	35		
	清丰	169	301			
	台前	46	23	100	2	1
平均值（克/千克）	范县	11.7	13.0	10.4		11.2
	南乐	11.4	11.3			
	濮阳	15.1	14.8	14.4		
	清丰	10.1	10.3			
	台前	12.5	12.0	11.8	10.3	9.30
最大值（克/千克）	范县	14.0	16.8	11.9		12.2
	南乐	14.5	16.3			
	濮阳	16.0	17.7	15.9		
	清丰	12.8	16.9			
	台前	15.3	15.6	15.5	10.3	9.30
最小值（克/千克）	范县	9.40	8.80	8.90		10.1
	南乐	7.30	7.20			
	濮阳	13.2	13.3	13.1		
	清丰	6.90	6.40			
	台前	8.80	9.00	7.60	10.2	9.30
标准偏差	范县	1.19	1.86	1.50		1.48
	南乐	1.60	1.68			
	濮阳	0.90	0.92	0.67		
	清丰	1.16	1.53			
	台前	1.43	1.76	1.60	0.07	
变异系数（%）	范县	10.10	14.38	14.39		13.32
	南乐	14.05	14.90			
	濮阳	5.99	6.19	4.69		
	清丰	11.55	14.91			
	台前	11.44	14.70	13.53	0.69	

表6-24　濮阳市五等地质地构型养分含量统计表

		五等地有效磷				
质地构型		均质砂壤	均质砂土	砂身轻壤	砂身中壤	砂身重壤
样本数（个）	范县	31	27	3		2
	南乐	29	79			
	濮阳	17	40	35		
	清丰	169	301			
	台前	46	23	100	2	1
平均值（毫克/千克）	范县	17.6	22.8	13.0		13.3
	南乐	14.7	17.8			
	濮阳	13.2	13.8	12.6		
	清丰	13.7	14.8			
	台前	14.3	19.8	14.3	10.7	11.2
最大值（毫克/千克）	范县	23.9	34.0	15.2		14.4
	南乐	20.3	42.9			
	濮阳	14.9	23.2	14.9		
	清丰	21.8	37.7			
	台前	21.6	35.0	22.9	12.6	11.2
最小值（毫克/千克）	范县	12.4	14.4	9.9		12.1
	南乐	4.2	5.1			
	濮阳	11.2	10.7	10.4		
	清丰	7.3	7.4			
	台前	6.5	11.1	5.2	8.8	11.2
标准偏差	范县	2.90	5.72	2.76		1.63
	南乐	4.08	6.70			
	濮阳	1.44	2.52	1.31		
	清丰	2.35	3.73			
	台前	3.81	5.92	3.65	2.69	
变异系数（%）	范县	16.49	25.10	21.25		12.27
	南乐	27.74	37.65			
	濮阳	10.90	18.20	10.40		
	清丰	17.15	25.26			
	台前	26.72	29.84	25.56	25.11	

表 6 – 25   濮阳市五等地质地构型养分含量统计表

质地构型		均质砂壤	均质砂土	砂身轻壤	砂身中壤	砂身重壤
				五等地速效钾		
样本数 （个）	范县	31	27	3		2
	南乐	29	79			
	濮阳	17	40	35		
	清丰	169	301			
	台前	46	23	100	2	1
平均值 （毫克/千克）	范县	78	80	81		84
	南乐	71	72			
	濮阳	84	97	92		
	清丰	67	69			
	台前	105	121	103	78	81
最大值 （毫克/千克）	范县	104	109	90		87
	南乐	135	127			
	濮阳	100	138	105		
	清丰	97	126			
	台前	216	176	203	81	81
最小值 （毫克/千克）	范县	55	60	74		80
	南乐	45	42			
	濮阳	74	73	74		
	清丰	47	45			
	台前	56	67	52	75	81
标准偏差	范县	13.52	14.95	8.33		4.95
	南乐	21.27	20.11			
	濮阳	6.83	15.92	7.93		
	清丰	10.14	12.47			
	台前	39.35	37.00	34.00	4.24	
变异系数 （%）	范县	17.41	18.68	10.32		5.93
	南乐	29.92	28.09			
	濮阳	8.12	16.49	8.62		
	清丰	15.14	18.07			
	台前	37.52	30.51	32.94	5.44	

第七章　耕地资源利用类型区

耕地地力评价实质是就地力评价指标对作物生长限制程度进行评价。通过地力评价，筛选各级行政区域的地力评价指标，划分、确定耕地地力等级，找出各个地力等级的主导限制因素，划分小麦、玉米、水稻适宜性评价分区和耕地资源利用类型区，为耕地资源合理利用提供依据。

第一节　耕地地力评价指标空间特征分析

濮阳市耕地地力评价选取的评价指标有耕层质地构型、质地、灌溉保证率、排涝能力、盐渍化影响、土壤有机质、有效磷、速效钾等8个评价因子或评价指标。这些评价指标在县域及各乡镇的空间分布并非均匀，通过空间分布特征分析，以及各个评价指标在不同地力等级中比重的分析，为划分小麦、玉米、水稻适宜性评价分区和耕地资源利用类型区提供依据。

一、质地构型

是指对作物生长影响较大的1米土体内出现的不同土壤质地层次、厚度、排列。对耕层土壤肥力有重大影响，是土壤分类中土种一级的划分依据，表示不同的土种类型。如黏底砂壤土，腰、体、底黏小两合土和腰、体、底黏两合土，就是农民形象的说法"有底脚"，即在耕层以下的中、下部出现大于20厘米的黏土层，可明显提高土壤的保水保肥能力和肥力水平。对作物生长和单位面积产量有明显影响。

从濮阳市不同的质地构型来说，一等地占7种质地构型，均质黏土、均质中壤、夹壤重壤、夹黏中壤、黏身中壤和黏底中壤占一等地面积较大；二等地占19种质地构型，均质中壤、均质黏土、黏身中壤、黏底中壤、壤身黏土、砂底黏土和壤底黏土占二等地面积较大；三等地占19种质地构型，均质轻壤、壤身砂壤、黏底轻壤占三等地面积较大；四等地占14种质地构型，均质轻壤、均质砂壤、砂身轻壤、砂身中壤和砂身重壤占四等地面积较大；五等地占14种质地构型，均质砂壤、砂身轻壤、均质砂土占五等地面积较大（表7-1）。

单位：公顷

表 7 – 1　各地力等级质地构型面积分布情况

指标	一等地		二等地		三等地		四等地		五等地	
	面积	比例（%）	面积	比例（%）	面积	比例（%）	面积	比例（%）	面积	比例（%）
夹黏轻壤			303.84	0.38						
夹黏砂壤			310.93	0.39	358.50	0.57				
夹黏中壤	509.99	5.34	1 136.55	1.41	4.78	0.01				
夹壤砂土							1.53	0.00		
夹壤重壤	716.66	7.50	2 115.95	2.63	578.79	0.92	256.14	0.32		
夹砂轻壤			152.28	0.19						
夹砂中壤										
夹砂重壤										
均质黏土	4 670.88	48.89	15 228.34	18.95	37 285.95	59.51	26 922.99	33.42	7 742.55	37.13
均质轻壤			388.85	0.48	19.98	0.03	10 473.92	13.00	6 347.34	30.44
均质砂壤			1 287.21	1.60			35.07	0.04		
均质砂土					3 293.35	5.26	458.95	0.57		
均质中壤	2 730.76	28.59	23 638.96	29.41	2 005.70	3.20	686.94	0.85		
黏底轻壤			8 950.60	11.14	307.65	0.49				
黏底砂壤			1 441.83	1.79						
黏底中壤	384.78	4.03	8.12	0.01						
黏身轻壤					177.19	0.28	288.86	0.36		
黏身砂壤			10 648.11	13.25	606.34	0.97				
黏身中壤	479.97	5.02	2 568.15	3.19	346.99	0.55				
壤底黏土			6 587.53	8.20	11 201.37	17.88	1 108.92	1.38		
壤底砂壤					246.09	0.39				
壤底壤土	59.96	0.63	1 258.52	1.57	1 904.11	3.04				
壤身砂土			3 893.43	4.84	10.55	0.02	2 308.35	2.87		
壤身重壤					2 239.20	3.57	1 819.56	2.26		
砂底黏土										
砂底轻壤										
砂底中壤										
砂底重壤										
砂身轻壤					104.42	0.17	16 624.12	20.64	6 700.90	32.13
砂身中壤			132.48	0.16	1 456.28	2.32	15 153.91	18.81	23.80	0.11
砂身重壤			329.22	0.41	511.68	0.82	4 413.62	5.48	37.92	0.18
总　计	9 553.01		80 380.92		62 658.95		80 552.87		20 852.50	

二、盐渍化影响

濮阳市境内地表水为黄河水系和海河水系，其中，黄河水系主要河流有黄河和金堤河；海河水系主要河流有卫河、马颊河、潴龙河、徒骇河等，沿河支沟很多，两大水系流经全境，河水侧渗严重，地下水抬升，土壤盐渍化，地下水碳酸盐、硫酸盐、氯化物、钙、镁含量较高的区域，其地下水对农作物危害较大，是一种障碍因素，影响作物生产情况较明显，故选定其为评价因子（附图27）。

从濮阳市各县区受盐渍化影响的程度来说，濮阳市受盐渍化影响的面积占全市总耕地面积的8.90%；其中范县受盐渍化影响的面积占县总耕地面积的19.72%；南乐县受盐渍化影响的面积占县总耕地面积的8.71%；濮阳县受盐渍化影响的面积占县总耕地面积的8.18%；台前县受盐渍化影响的面积占县总耕地面积的20.07%；清丰县受盐渍化影响微弱（表7-2）。

表7-2　各县区盐渍化影响程度　　　　　　　单位：公顷

县区	盐渍化影响		总计
	弱	无	
范　县	6 923.33	28 176.67	35 100.00
南乐县	3 491.90	36 608.10	40 100.00
濮阳县	7 841.60	88 073.94	95 915.54
清丰县	2.54	61 280.17	61 282.71
台前县	4 335.69	17 264.31	21 600.00
濮阳市	22 595.07	231 403.19	253 998.25

三、灌溉保证率

是影响濮阳市农业产值的重要因素。

濮阳市地处黄河冲积平原，大地形平坦，排灌方便，水利设施基本齐全。濮阳市灌溉保证率在50%~75%的田块面积48 622.16公顷，占总耕地面积19.15%，灌溉保证率在75%以上的田块面积205 249.15公顷，占总耕地面积80.85%（表7-3）。

表7-3　濮阳市各县区灌溉保证率　　　　　　　单位：公顷

县区	灌溉保证率		总计
	50%	75%	
范　县	5 968.98	29 131.03	35 100.00
南乐县	13 005.07	27 094.93	40 100.00
濮阳县	13 342.70	82 572.83	95 915.54
清丰县	8 397.09	52 885.62	61 282.71
台前县	7 932.64	13 667.36	21 600.00
濮阳市	48 646.48	205 351.78	253 998.25

四、排涝能力

由于受黄河和海河两大水系浸润影响，河水侧渗，地下水位高，淤积严重，地势浅平，排水泄洪仍是影响农业生产的重要因素。濮阳市年均降雨量502～600毫米，在空间上，呈现由南向北，由西向东逐渐减少的趋势。在时间上，夏季6～8月最多占年平均降雨量的57.8%～61.2%、冬季最少，秋季9～11月占年平均降雨量的19.8%～22.7%、春季3～5月占年平均降雨量的15.4%～17.6%。

濮阳市抵御三年一遇的面积为153 262.01公顷，占总耕地面积的60.37%；抵御五年一遇的面积为31 668.28公顷，占总耕地面积的12.47%；抵御十年一遇的面积为68 941.02公顷，占总耕地面积的27.16%（表7－4）。

表7－4　濮阳市各县区排涝能力　　　　　　　　　单位：公顷

县区	排涝能力			总　计
	三年一遇	五年一遇	十年一遇	
范　县	35 100.00			35 100.00
南乐县	2 958.11	7 978.28	29 163.61	40 100.00
濮阳县	85 917.05	9 928.96	69.53	95 915.54
清丰县	7 763.49	13 776.87	39 742.35	61 282.71
台前县	21 600.00			21 600.00
濮阳市	153 338.64	31 684.12	68 975.49	253 998.25

五、质地

质地是土壤稳定的自然属性，也是影响土壤一系列物理与化学性质的重要因子。不同土壤质地对土壤结构、孔隙状况、保肥性、保水性、耕性等均有重要影响。

濮阳市耕层土壤质地有松砂土、紧砂土、砂壤土、轻壤土、中壤土、重壤土、轻黏土、中黏土、重黏土9种质地类型。不同质地的等级统计如表7－5、表7－6所示。

表7－5　各地力等级表层质地　　　　　　　　　单位：公顷

指标	一等地		二等地		三等地		四等地		五等地	
	面积	比例（%）	面积	比例（%）	面积	比例（%）	面积	比例（%）	面积	比例（%）
紧砂土							36.59	0.05	6 305.43	30.24
轻黏土	848.38	8.88	18 485.12	23.00	2 402.36	3.83	2 664.75	3.31		
轻壤土			3 421.74	4.26	41 273.07	65.87	46 570.55	57.81	6 700.90	32.13
砂壤土			319.05	0.40	14 504.33	23.15	12 558.63	15.59	7 742.55	37.13
松砂土									41.91	0.20
中黏土	3 836.08	40.16	8 548.96	10.64	25.93	0.04				
中壤土	4 105.50	42.98	44 658.99	55.56	3 695.49	5.90	16 973.47	21.07	23.80	0.11
重黏土			401.01	0.50						
重壤土	763.04	7.99	4 546.05	5.66	757.77	1.21	1 748.87	2.17	37.92	0.18
总　计	9 553.01		80 380.92		62 658.95		80 552.87		20 852.50	

表7-6　不同质地养分含量的统计

质地		紧砂土	轻黏土	轻壤土	砂壤土	松砂土	中黏土	中壤土	重黏土	重壤土
有机质 （克/千克）	平均值	11.2	15.6	13.5	12.9	9.44	16.4	14.9	17.4	16.2
	最大值	23.7	25.2	26.1	26.0	9.7	33.4	28.3	20.1	24.1
	最小值	6.40	8.70	7.10	6.90	8.80	8.30	7.60	14.00	9.30
有效磷 （毫克/千克）	平均值	16.2	21.4	18.0	17.2	21.4	25.3	19.9	29.1	25.5
	最大值	42.9	58.5	58.7	55.6	26.5	64.1	60.4	34.5	56.3
	最小值	5.1	6.8	4.5	4.2	17.0	5.1	4.5	24.3	6.7
速效钾 （毫克/千克）	平均值	75	118	96	90	127	134	105	92	112
	最大值	193	236	229	224	176	251	227	111	228
	最小值	42	65	45	45	60	63	48	69	61

六、耕层土壤养分

（一）有机质

土壤有机质含量代表土壤基本肥力，也和土壤氮含量呈正相关关系。有机质含量的多少，和同等管理水平的作物产量也显示明显的正相关关系，即有机质含量越高，单位面积产量越高，反之则降低。作为评价指标对不同等级的耕地都有所反映，如表7-7所示。

表7-7　各地力等级有机质含量

等级	一等地	二等地	三等地	四等地	五等地
样本数（个）	428	2 308	1 399	1 798	905
平均值（克/千克）	18.9	14.7	14.3	13.5	11.3
最大值（克/千克）	33.4	27.8	28.3	25.0	17.7
最小值（克/千克）	12.0	8.30	7.50	7.10	6.40
标准偏差	2.44	2.65	2.75	2.45	2.01
变异系数（%）	12.94	18.00	19.27	18.13	17.89

（二）有效磷

磷是作物生长所需的大量营养元素之一，关系到根系的发育及作物产量，对氮元素也有相应的促进作用。作为评价指标对不同等级的耕地都有所反映，如表7-8所示。

表7-8　各地力等级有效磷含量

等级	一等地	二等地	三等地	四等地	五等地
样本数（个）	428	2 308	1 399	1 798	905
平均值（毫克/千克）	33.8	20.5	19.6	16.9	15.0
最大值（毫克/千克）	64.1	58.4	58.7	56.7	42.9
最小值（毫克/千克）	14.5	4.5	4.5	4.9	4.2
标准偏差	9.86	9.02	8.83	6.99	4.34
变异系数（%）	29.17	43.99	45.14	41.37	28.85

（三）速效钾

近几年濮阳市土壤速效钾含量下降较快，已成为农业生产中土壤养分的一个障碍因素，制约了作物产量及品质的提高。作为评价指标对不同等级的耕地都有所反映，如表7－9所示。

表7－9　各地力等级速效钾含量

等级	一等地	二等地	三等地	四等地	五等地
样本数（个）	428	2 308	1 399	1 798	905
平均值（毫克/千克）	133	111	98	97	79
最大值（毫克/千克）	248	251	229	228	216
最小值（毫克/千克）	69	48	49	45	42
标准偏差	37.39	31.12	22.98	27.71	24.81
变异系数（%）	28.17	28.02	23.34	28.69	31.42

第二节　耕地地力资源利用类型区

一、耕地资源类型区

濮阳市根据不同土壤类型、自然条件、耕地地力评价选取的评价因子或评价指标，把全市耕地划分为3个不同的耕地资源利用类型区域。

（一）黄河河漫滩区、背河洼地和黄河故道风砂土区类型区

（1）黄河漫滩、背河洼地　这一区域主要分布在濮阳县、范县、台前南部临黄河大堤区域。背河洼地，地势低洼，次生盐碱较重；临黄河漫滩，质地结构为均质砂土，土壤瘠薄。

（2）黄河故道风砂土　这一区域主要分布在清丰、南乐黄河故道地区，土壤质地为紧砂土，砂化较重，有一定起伏，砂层深厚，土壤瘠薄，受一定的风蚀侵害，干旱侵蚀是主要障碍因素。

此类型区在濮阳市耕地地力等级评价中评为濮阳市耕地地力五等地力水平，面积为20 852.50公顷，占总耕地面积的8.21%。

（二）干旱灌溉改良、瘠薄培肥类型区

该区分布在濮阳县、清丰、南乐、台前、范县部分地区。土壤结构差，保水保肥能力差，宜耕性好，灌溉条件有限。土壤有机质含量和各种矿物养分含量较低，主要种植小麦、玉米、杂粮等作物。

此类型区在濮阳市耕地地力等级评价中评为濮阳市耕地地力三四等地力水平，面积为143 211.82公顷，占总耕地面积的56.38%。

（三）高标准粮田建设类型区

该区土壤肥力较高，保水保肥能力强，宜耕性好，适宜多种作物种植，主要种植结构为小麦、玉米、水稻等作物，是全市的粮食生产基地。

此类型区在濮阳市耕地地力等级评价中评为濮阳市耕地地力一二等地力水平，面积为

89 933.93公顷，占总耕地面积的35.41%。

二、高中低产田划分

依据此次耕地地力评价结果，濮阳市将耕地划分为5个等级，其中，一二等地为高产田，耕地面积89 933.93公顷，占全市总耕地面积的35.41%；三四等地为中产田，面积143 211.82公顷，占全市总耕地面积的56.38%；五等地为低产田，面积20 852.50公顷，占全市总耕地面积的8.21%。按照这个等级划分，濮阳市中低产田面积合计为164 064.32公顷，占全市总耕地面积的64.59%（附图28）。

第八章　耕地资源合理利用的对策与建议

通过对濮阳市耕地地力评价工作的开展，全面摸清了全市耕地地力状况和质量水平，初步查清了濮阳市在耕地管理和利用、生态环境建设等方面存在的问题。为了将耕地地力评价成果及时用于指导农业生产，发挥科技推动作用，有针对性地解决当前农业生产管理中存在的问题，本章从耕地地力与改良利用、耕地资源合理配置与种植业结构调整、科学施肥、耕地质量管理等方面提出对策与建议。

第一节　耕地地力建设与土壤改良利用

一、耕地利用现状

濮阳市是典型的平原农业地区，盛产小麦、玉米、水稻、花生、大豆等，总耕地面积269 800公顷，农作物播种面积425 193公顷，其中，粮食作物播种面积380 247公顷，油料34 080公顷，蔬菜62 240公顷，瓜类6 070公顷。粮食总产2 510 275吨，油料总产158 785吨，蔬菜总产2 310 000吨，瓜类总产265 920吨。在粮食作物中，小麦总产1 477 533吨，水稻总产300 067吨，玉米总产646 470吨。

二、耕地地力建设与改良利用

（一）耕地资源类型区改良

1. 黄河河漫滩区、背河洼地和黄河故道风砂土区类型区

该类型土壤质地为松砂土、紧砂土，砂土层深厚，土壤贫瘠。主要障碍因素是干旱、风蚀、土壤贫瘠。改良利用措施如下。

（1）加强土地平整，增加树木种植密度　防止水土流失，保护林木落叶覆盖度，增加土壤有机质含量，减少风蚀侵害。

（2）加强水利设施建设，提高灌溉能力　根据树木的需肥规律，以深施的方式增施肥料，保证林木生长需肥，达到速生丰产的要求。提高经济效益，增加农民收入。提高投资能力，改善速生丰产林条件。选择优良速生林品种，提高林木生长速度，缩短生产周期。

背河洼地，地势低洼，次生盐碱较重，主要改良措施：引黄种稻，种植莲藕，放养鱼、泥鳅等。

2. 干旱灌溉改良、瘠薄培肥类型区

此类型区土壤结构差，保水保肥能力差，耕性好，宜耕期长，土壤肥力较低。干旱、保水保肥能力差、肥力瘠薄是这一区域的主要障碍因素。针对这一区域可采取以下改良利用措施。

（1）增加有机肥施用量和秸秆还田量　提高土壤有机质含量，改善土壤结构，提高土

壤亲和力和蓄肥能力，培肥地力，增强土壤生产能力，提高单位面积产量。

（2）进一步平整土地，加强灌溉设施建设　推广喷灌、滴灌等先进节水灌溉技术。保证适时浇水，避免大水灌溉造成的肥料流失，造成肥料浪费和环境污染，减少肥料投入成本，采用秸秆覆盖，地膜覆盖技术，减少土壤水分蒸发。

（3）在种植结构方面，选择适宜种植的优势农作物　根据土壤和用途选择优良品种，采用科学管理技术，可获得较高的产量。要扩大种植面积，充分利用土地资源优势，获得较好的效益。

（4）合理平衡施肥　在增施有机肥的基础上，科学施用氮肥，补充磷、钾肥和中微量元素肥料，达到养分平衡，培肥地力。在施肥方法上，要针对土壤保水保肥能力差的弱点，根据作物需肥规律，采取少量多次的方法，适时施肥浇水，减少肥料流失，特别是氮素化肥更应注意，减少生产成本，增加经济效益。

3. 高标准粮田建设类型区

耕层土壤质地为中黏、重黏、重壤、中壤等地块。土壤肥力较高，耕性良好，保水保肥能力强，通透性好，适宜多种作物生长，是濮阳市以小麦、玉米、水稻种植为主的粮食生产基地。干旱、土壤肥力不均匀，是该区的主要障碍因素。可采用如下改良利用措施：

（1）进一步平整土地，建设高标准粮田，提高水利建设标准，增强灌溉保证能力，扩大以地埋管为主的节水灌溉面积　创造条件发展喷灌、滴灌等先进节水灌溉方式。充分利用水源、节约用水、缓和地下水不足的矛盾，在个别低洼易涝地区，疏通排水渠道，提高排水能力，达到旱能浇、涝能排，确保粮食丰产丰收。

（2）增施有机肥和增加秸秆还田量　提高土壤有机质含量，加深耕层，增加活土层厚度，实施沃土工程，培肥地力，改善土壤结构，扩大植物根系活动范围，提高土壤保水保肥能力，为粮食生产基地奠定良好丰产基础。充分利用土地资源提高耕地资源贡献能力。

（3）普及推广测土配方施肥技术　科学施肥，平衡施肥，提高肥料利用率、贡献率，进一步提高粮食作物单位面积产量和产品品质，确保粮食生产安全。

（4）在保证粮食生产的前提下，利用该区适宜多种作物生长优势，合理调整作物种植结构　发展经济作物生产，增加经济收入，要提高相应的配套措施，提高服务能力，搞好产销服务，发挥经济作物的高产高效优势。

（二）中低产田改良

改造中低产田，要根据具体情况抓住主要矛盾，消除障碍因素。认真总结中低产田改造经验，采取政策措施和技术措施相结合，农业措施和工程措施相配套、技术落实和物化补贴相统一的办法，做到领导重视、政府支持，资金有保障、技术有依托，使中、低产田改造达到短期有改观、长期大变样的目的。

改造中低产田，要摸清低产原因，分析障碍因素，因地制宜采取措施进行。

根据中华人民共和国农业行业标准 NY/T 300—1996，结合濮阳市的具体情况可将耕地障碍类型分为干旱灌溉型、砂化耕地型、瘠薄培肥型、渍涝排水型、盐碱耕地型。

1. 干旱灌溉型

该类型区主要分布在清丰县西部固城乡、韩村乡、大屯乡、古城乡、大流乡西半部、阳邵乡东半部和东部巩营乡、仙庄乡中部、瓦屋头镇北部；南乐县西北部，包括近德固乡、寺庄乡、西邵乡、元村镇，张果屯乡部分；濮阳县东北部；范县陆集乡、张庄乡部分；台前县清水河乡、马楼乡、打渔陈乡及夹河乡部分。

土壤质地粗，结构差，漏水漏肥，耕层土壤肥力低，抗旱能力很差，灌溉条件不能满足作物生长灌溉需要，其主要改良措施如下。

①开发地下水资源，发展井灌，搞好土地平整，同时抓好现有井站挖潜配套，强化灌溉设施建设，增加灌溉机井数量，减小单井灌溉面积，缩短灌溉周期，推广节水灌溉技术，提高保灌能力。

②充分利用引黄灌溉水源，强化引水工程支渠建设，扩大引水灌溉面积，在引水区减少地下水开采。

③大力推广旱作节水技术，采用秸秆覆盖，地膜覆盖进行保墒。普及推广小麦高留茬，麦糠、麦秸覆盖技术，增加秸秆还田量，利用所能利用的有机肥源，增施有机肥，提高土壤有机质含量，改良土壤结构，增强土壤保水保肥能力。

2. 砂化耕地型

砂化耕地型类型区，分布在清丰县西部与内黄县接壤的黄河故道紧砂土带区域，包括固城乡、韩村乡、大屯乡、古城乡、大流乡西部和阳邵乡东部的一些村庄及中南部柳格乡、双庙乡潴泷河滩区；濮阳县柳屯镇、清河头乡等乡镇；南乐县西邵乡、寺庄乡；台前县清水河乡、马楼乡、打渔陈乡及夹河乡砂土地域；范县陆集乡、张庄乡、高码头镇部分地区。

这一区域的障碍因素主要是土壤质地为紧砂土，砂土层深厚，无保水保肥能力，地形有一定起伏。在春、冬干旱多风季节受一定的风蚀影响，土壤贫瘠。受气候区干旱地区的制约严重。其主要改良措施如下。

①强化灌溉设施建设，增加灌溉机井数量，减小单井灌溉面积，缩短灌溉周期，推广节水灌溉技术，提高保灌能力。

②普及推广小麦高留茬，麦糠、麦秸覆盖技术，增加秸秆还田量。利用所能利用的有机肥源，增施有机肥，提高土壤有机质含量，改良土壤结构，增强土壤保水保肥能力。

③大力推广旱作节水技术，采用秸秆覆盖，地膜覆盖进行保墒。

3. 渍涝排水型

该类型区主要分布在濮阳县渠村乡、郎中乡、习城乡、梨园乡、王称固乡等乡镇，范县陈庄乡、辛庄乡、杨集乡部分；台前县侯庙镇、打渔陈乡的东北部、孙口乡部分地区及临黄底背河洼地；清丰县韩村乡部分。

地势高低不平，地下水质良好，土壤自然肥力较高，除淤土外耕性均好，常受洪涝灾害。利用改良措施如下。

①种植耐涝作物，秋播作物可种小麦、水稻、油菜，春播、夏播可种高粱、大豆、绿豆等作物。

②多施有机肥，合理施用氮、磷、钾化肥，以提高作物产量。

③发展提灌。由于濒临黄河，水源丰富，可提水灌溉。

④近黄河大堤处，地势低洼，可植树造林，用柳、杨等耐淹树种，以保护大堤，滩地可发展畜牧业，增加收入。

4. 盐碱耕地型

该类型区主要分布在濮阳县、范县、台前县部分地区，面积不大。

基本上属轻度盐渍化土壤，这是由于大水漫灌、排水不良，引起地下水位抬高所致。本区就其地下水位而言，多在2米以下，本不应引起地表积盐。但是由于灌水无定额，或大雨后排水不及时，抬高了地下水位，加上地下水矿化度高，遂引起地表积盐，危害作物生长。

由于盐分累积，施肥量少，耕作粗放，使土壤有机质和土壤养分含量很低。

利用改良意见如下。

①灌水适量，排水及时，把地下水位控制在临界深度以下。减少、防止土壤次生盐渍化是本区改良土壤的关键措施。

②多施有机肥是改良盐碱、改良淤土、砂土质地的有效办法。

③平整土地，实行畦灌，削减盐、碱斑。

④合理施氮、磷、钾肥，满足作物的需要。

⑤在利用途径方面，砂土宜种花生、大豆、红薯等耐瘠薄耐干旱作物，淤土宜种小麦、大豆等粮食作物，两合土和轻度盐化潮土宜种粮、棉等多种作物。

5. 瘠薄培肥型

该类型区主要集中在濮阳市耕地地力等级评价的三、四等地区域，遍及全市。改良措施为如下。

①增加有机肥施用量和秸秆还田量，提高土壤有机质含量，改善土壤结构，提高土壤亲和力和蓄肥能力，培肥地力，增强土壤生产能力，提高单位面积产量。

②进一步平整土地，加强灌溉设施建设。推广喷灌、滴灌等先进节水灌溉技术。保证适时浇水，避免大水灌溉造成的肥料流失，造成肥料浪费和环境污染，减少肥料投入成本，采用秸秆覆盖，地膜覆盖技术，减少土壤水分蒸发。

③在种植结构方面，选择适宜种植的优势农作物。根据土壤和用途选择优良品种，采用科学管理技术，可获得较高的产量。要扩大种植面积，充分利用土地资源优势，获得较好的效益。

④合理平衡施肥，在增施有机肥的基础上，科学施用氮肥，补充磷、钾肥和中微量元素肥料，达到养分平衡，培肥地力。在施肥方法上，要针对土壤保水保肥能力差的弱点，根据作物需肥规律，采取少量多次的方法，适时施肥浇水，减少肥料流失，特别是氮素化肥更应注意，减少生产成本，增加经济效益（附图29）。

第二节　耕地资源合理配置与农业结构调整

依据耕地地力评价结果，对濮阳市农业生产概况进行了系统分析，按照濮阳市人民政府制定的土地利用的总体规划、农业总体布局，参照濮阳市土壤类型、自然生态条件、耕作制度和传统耕作习惯，在分析耕地、人口及效益的基础上，在保证粮食产量不断增加的前提下，提出濮阳市农业结构的调整规划。

一、切实稳定粮食生产

濮阳市是以小麦、玉米、水稻生产为主的粮食生产区，粮食生产连续 10 年以上丰产丰收，小麦每亩产量达到 455 千克以上，水稻每亩达到 500 千克以上，玉米每亩达到 434 千克以上。为了稳定粮食生产，一是稳定小麦、玉米和水稻种植面积，保证小麦种植面积 216 000 公顷以上，水稻种植面积 42 667 公顷以上，玉米种植面积 99 333 公顷以上。二是在国家良种补贴的基础上，推广优质小麦和优质玉米良种的普及利用，合理布局，稳定各优良品种的集中种植，保证粮食品质的稳定提高，增加粮食生产效益。三是在国家农业综合补贴的基础上增加农业投入，加强农业生产基础建设。四是提高技术服务能力，推广农业新技术、新成果。充实壮大农业技术推广队伍，健全技术推广网络。利用多种措施加强农业、畜牧、林业、农技等技术培训宣传，提高农业从业人员的科学技术水平。

二、大力发展设施农业

围绕发展"高产、优质、高效、生态、安全"农业的总体要求，充分发挥地理资源优势，挖掘农业增产潜力，推动农业增长方式改变。在基础设施配套、科技服务、品种优化、产品销售等方面充分发挥政策的引导作用，夯实基础、培育特色、优化结构、提升效益，构建设施农业发展的综合服务体系，实现农业增产增收，农民持续稳定增收。以现代化农业理念指导设施农业生产，依据地理优势，扩大日光温室、塑料大棚生产面积，建设无公害绿色蔬菜、瓜果、莲藕、食用菌、水产养殖示范园区，打造无公害、绿色名优品牌，扶持农业产业化龙头企业，培育农民专业合作组织，建立大中型批发市场，培养思想清晰、信息灵通、懂得经营的经纪人队伍，带动和促进设施农业生产标准化、规模化发展。以棚室化、园区化为基本要求，以规模化、集约化、标准化、产业化为总体目标，按照"高标准、高质量、高投入、高产出、高效益"的原则，打造精品园区亮点，逐步形成"一乡一业、一村一品"产业化经营格局。

三、创新土地流转机制

创新土地流转经营机制，探索土地使用权流转方式，推进农业规模经营，促进农业增效、农民增收。一是依法规范操作。严格遵守并执行《土地承包法》等法律法规，切实保障农民的土地承包权、使用权，无论何种形式的流转，都在稳定农民长期承包使用权的基础上进行。二是积极因势利导。按照"自愿、互利、共赢"的原则，积极引导农民进行土地互换，加快土地流转步伐。三是确保农民受益。在土地流转方面，把农户的利益摆在首位，最大限度地满足群众要求，切实让农民从中得到实惠，保证土地流转的顺利进行。

第三节　科学施肥

肥料是农业生产的物质基础，是农作物的粮食。科学合理地施用肥料是农业科技工作的重要环节。为能最大限度地发挥肥料效应，提高经济效益，应按照作物需肥规律施肥，用地与养地相结合，不断培肥地力。但又必须考虑影响施肥的各个因素，如土壤条件，各作物需肥规律，肥料性质等，并结合相关的农业技术措施进行科学施肥。

一、提高土壤有机质含量、培肥地力

土壤肥力状况是决定作物产量的基础，土壤有机质含量代表土壤基本肥力情况，必须提高广大农民对施用有机肥的认识及施肥积极性，充分利用有机肥源积造、施用有机肥。推广小麦高留茬，麦秸、麦糠覆盖技术，充分利用秸秆还田机械，增加玉米秸秆还田面积及还田量，提高耕地土壤有机质含量，改善土壤结构，增强保水保肥能力。特别是中、低产田，更需要注重土壤有机质含量提高，培肥地力，提高土壤对化肥的保蓄能力及利用效率，以有机补无机，降低种植业成本，减少环境污染，保证农业持续发展，提高农业生产效益。

二、推广测土配方施肥技术，建立施肥指标体系

测土配方施肥是提高农业综合生产能力，促进粮食增产、农业增效、农民增收的一项重要技术，是国家的一项支农惠农政策。按照"增加产量、提高效益、节约资源、保护环境"的总体要求，围绕测土、试验、示范、制定配方、企业参与、施肥指导等环节开展一系列的工作。为建立健全施肥指标体系，指导农民合理施肥，提供科学依据。

（一）土壤肥力监测

按照项目方案要求，对全市耕地，各类土壤，按年度合理布置土样采集样点，按规程采集土壤样品，对土壤样品进行化验分析，摸清全市耕地肥力状况及分布规律，掌握耕地土壤供肥能力。

（二）安排田间肥效试验

按照农业部项目规程要求，在不同土壤类型，不同肥力有代表性的地块，安排小麦、玉米等作物田间肥效试验。通过对各项试验的汇总、分析、计算，找出最佳施肥配方，肥料利用率，基肥、追肥比例，合理施肥时间，最大、最佳施肥量等参数。

（三）施肥指标体系建立

组织有关农业技术专家，对测土取得的土壤肥力状况，分布规律，田间肥效试验获取的各项参数，结合作物需肥规律，当地农业施肥的多年经验，针对不同区域，不同土壤类型，不同作物制订施肥配方，建立施肥指标体系，为广大农民提供科学施肥依据。通过印发施肥建立卡，施肥技术资料，媒体宣传等多种形式推广宣传到广大农户。

（四）引导企业参与项目的实施工作

测土配方施肥，最终目的是让农民科学地对农作物施用肥料，提高农产品产量。按上级要求，让企业参与项目的实施工作，充分发挥企业优势，选定好的肥料生产企业。土肥部门为生产企业提供配方，让企业根据配方制定方案，配制生产配方肥或复合肥料。按选定企业在本县的优势代理商，组建配方肥配送中心，土肥技术部门配合配送中心，进行宣传，提供技术指导，由配送中心按区域优惠供应农民施用配方肥或复合肥，形成测、配、产、供、施完整的施肥技术服务体系。

（五）加大测土配方施肥推广力度

测土配方施肥技术是当前世界上先进的农业施肥技术的综合，是联合国向世界推行的重要农业技术，是农业生产中最复杂、最重要的技术之一。让广大农民完全理解接受这项技术有相当的难度。要组织各县区土肥技术和各级农业技术人员，逐级培训宣传到广大农民，通过长期的下乡入户，田间地头，媒体宣传，印发施肥技术资料等方式对广大农民进行施肥技术指导，让农民按测土配方施肥技术进行科学施肥、合理施肥，形成对测土配方施肥广泛的社会共识，保证农业增产、农民增收。

第四节　耕地质量管理

针对濮阳市地处平原，人多地少，后备资源匮乏等情况，要获得更多的产量和效益，提高粮食综合生产能力，实现农业可持续发展，就必须提高耕地质量，依法进行耕地质量管理。现就加强耕地管理提出以下对策和建议。

一、依法对耕地质量进行管理

要根据"国家土地法""基本农田保护条例"，建立严格的耕地质量保护制度，严禁破坏耕地和损害耕地质量的行为发生，建立耕地质量保护奖惩制度，完善各业用地的复耕制度，确保耕地质量安全及农业生产基础的稳定。

二、改善耕作质量

农户分散经营和小型农机具的施用，使耕地犁底层上移，耕层变浅，使耕地土壤对水肥的保蓄能力下降，植物根系发展受到限制，影响作物产量的提高。要倡导农户联片的耕作方式便于大型拖拉机的施用，改变犁具加深耕作层，提高土壤保水保肥能力，增加土壤矿质养分的转化利用能力，提高耕地基础肥力，保证耕地质量的良性循环。

三、扩大绿色食品和无公害农产品的生产规模

随着人类生活水平的提高，对食品和农产品的质量要求日渐提高。要强化防止灌溉用水及重金属垃圾对土壤的污染。严禁化肥和有害农药的超标准施用，避免残留物对土壤的污染，塑料制品对土壤的侵害，影响植物根系的发展。扩大绿色食品和无公害农产品的生产基地，使产品和食品生产有可靠的保证，用产品质量提高农业生产效益。

第九章　附　　件

一、濮阳市耕地地力评价工作领导小组

组　长：白玉生（濮阳市农业局局长）

副组长：查剑敏（濮阳市农业局总农艺师）

　　　　刘德涛（濮阳县农业局局长）

　　　　郭建国（清丰县农业局局长）

　　　　潘玉平（南乐县农业局局长）

　　　　王树先（范县农业局局长）

　　　　张鲁海（台前县农业局局长）

成　员：屈素斋（濮阳市土壤肥料工作站站长）

　　　　李红霞（濮阳市农业局计划财务科科长）

　　　　田平金（濮阳县农业局农技中心主任）

　　　　陈文军（清丰县农业局农技中心工会主席）

　　　　王爱敏（南乐县农业局副局长）

　　　　崔玉军（范县农业局副局长）

　　　　邵长山（台前县农业局副局长）

　　　　范世亮（华龙区农业局副局长）

　　　　何清碧（高新区农业园区办公室副主任）

二、濮阳市耕地地力评价专家技术指导小组

组　长：查剑敏（濮阳市农业局总农艺师）

副组长：屈素斋（濮阳市土壤肥料工作站站长）

　　　　王玉红（濮阳市土壤肥料工作站副站长）

成　员：陈刚普（濮阳市土壤肥料工作站高级农艺师）

　　　　张建玲（濮阳市土壤肥料工作站高级农艺师）

　　　　张　季（濮阳市土壤肥料工作站农艺师）

　　　　徐宝松（濮阳市土壤肥料工作站）

　　　　孙建国（濮阳市土壤肥料工作站）

　　　　田平坤（濮阳县土肥站站长）

　　　　刘东亮（清丰县土肥站站长）

　　　　吴秀萍（南乐县土肥站站长）

　　　　张升运（范县土肥站站长）

　　　　丁传峰（台前县土肥站站长）

三、大事记

① 2012 年 3 月 29～30 日，河南省土肥站在郑州市举办测土配方施肥补贴项目技术总结及耕地地力评价培训班。

② 2012 年 4 月 25 日，濮阳市农业局成立耕地地力评价工作领导小组和技术小组。

③ 2012 年 5 月 10 日，濮阳市农业局组织农技、植保、水利、土肥等方面的专家，筛选耕地地力评价指标。

④ 2012 年 8 月 21 日，河南省土肥站在郑州市举办耕地地力评价及项目总结培训班。

⑤ 2012 年 10 月 15 日，河南省土肥站在新乡市举办耕地地力评价指标体系建立分区培训班。

⑥ 2012 年 11 月 5 日，河南省土肥站在郑州市举办县域耕地地力资源管理信息系统操作及耕地地力评价报告编写培训班。

⑦ 2012 年 11 月 15 日，濮阳市农业局聘请河南省专家对濮阳市地力评价工作进行培训指导。

附　图

附图1　河南省行政区划图

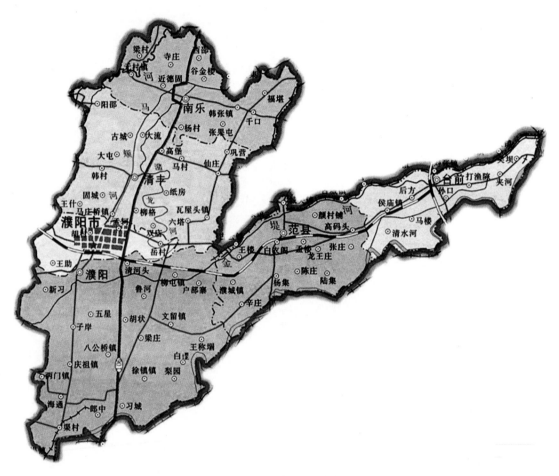

附图 2　濮阳市行政区划图

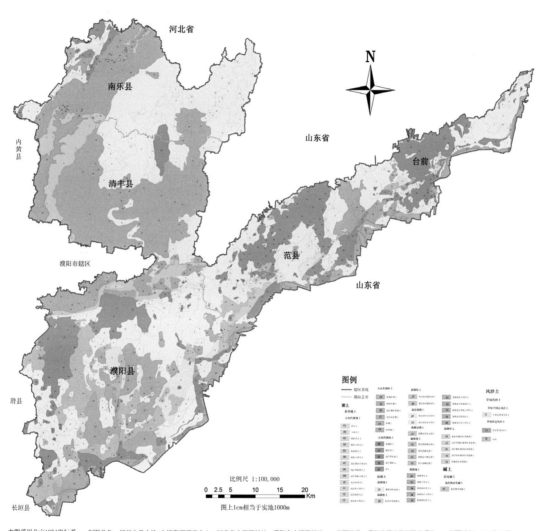

本图采用北京1954坐标系　　制图单位：郑州大学土地-土壤资源研究中心；河南省土壤肥料站；濮阳市土壤肥料站　　制图软件：濮阳市耕地资源管理系统　　制图时间：2012年12月

附图3　与省级对接——濮阳市土壤图

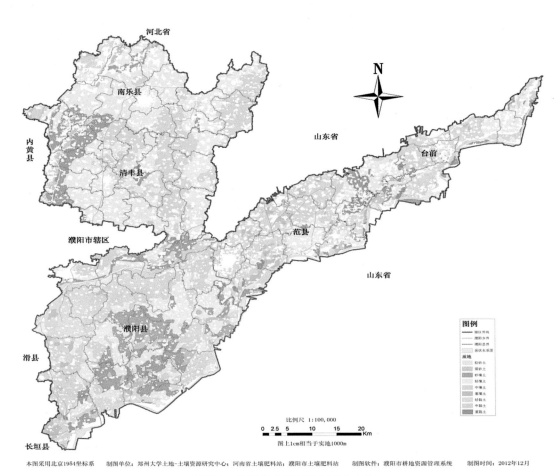

附图4　濮阳市土壤质地类型分布图

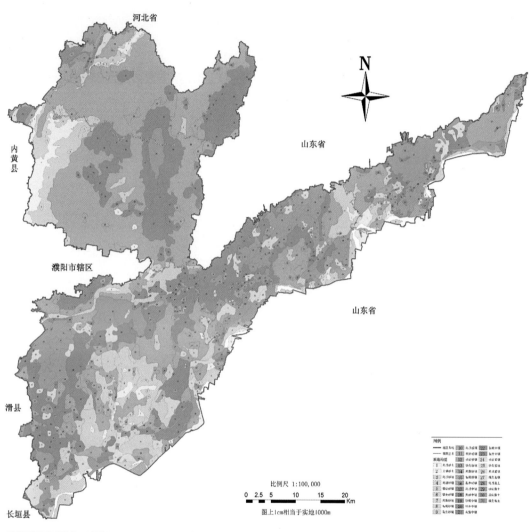

河北省

山东省

内黄县

濮阳市辖区

山东省

滑县

长垣县

比例尺 1:100,000

0 2.5 5   10   15   20 Km

图上1cm相当于实地1000m

本图采用北京1954坐标系　制图单位：郑州大学土地-土壤资源研究中心；河南省土壤肥料站；濮阳市土壤肥料站　制图软件：濮阳市耕地资源管理系统　制图时间：2012年12月

附图5　濮阳市土壤质地构型分布图

175

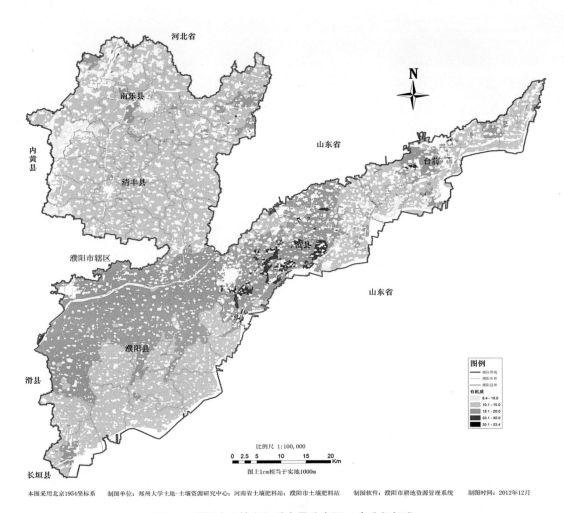

本图采用北京1954坐标系　　制图单位：郑州大学土地-土壤资源研究中心；河南省土壤肥料站；濮阳市土壤肥料站　　制图软件：濮阳市耕地资源管理系统　　制图时间：2012年12月

附图6　濮阳市土壤有机质含量分布图（省分级标准）

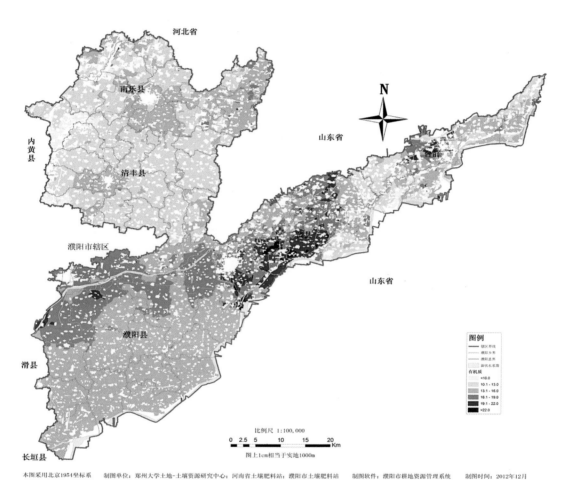

比例尺 1:100,000

0　2.5　5　　10　　15　　20 Km

图上1cm相当于实地1000m

本图采用北京1954坐标系　　制图单位:郑州大学土地-土壤资源研究中心;河南省土壤肥料站;濮阳市土壤肥料站　　制图软件:濮阳市耕地资源管理系统　　制图时间:2012年12月

附图7　濮阳市土壤有机质含量分布图（细化分级标准）

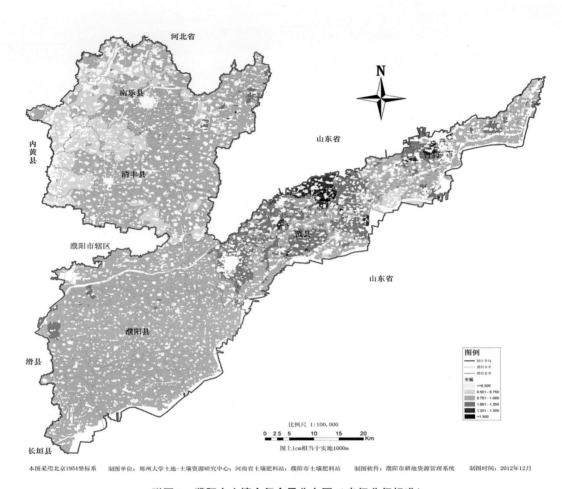

附图8 濮阳市土壤全氮含量分布图（省级分级标准）

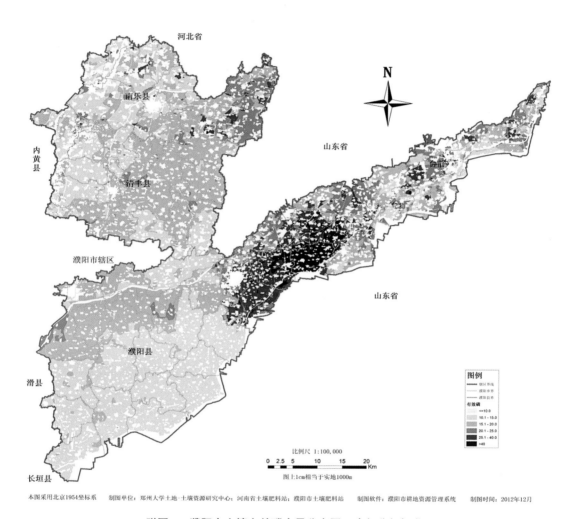

本图采用北京1954坐标系　　制图单位：郑州大学土地土壤资源研究中心；河南省土壤肥料站；濮阳市土壤肥料站　　制图软件：濮阳市耕地资源管理系统　　制图时间：2012年12月

附图9　濮阳市土壤有效磷含量分布图（省级分级标准）

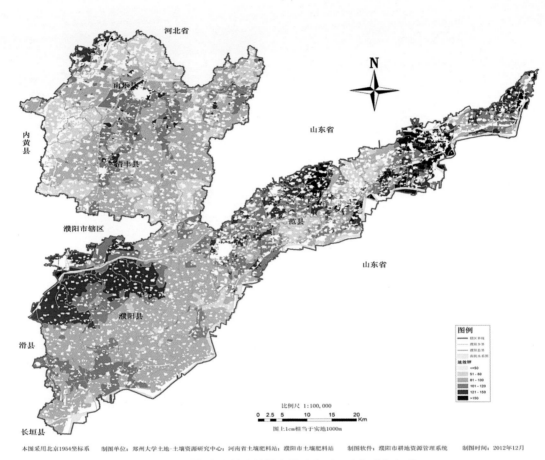

比例尺 1:100,000

图上1cm相当于实地1000m

本图采用北京1954坐标系   制图单位：郑州大学土地—土壤资源研究中心；河南省土壤肥料站；濮阳市土壤肥料站   制图软件：濮阳市耕地资源管理系统   制图时间：2012年12月

附图10 濮阳市土壤速效钾含量分布图（省级分级标准）

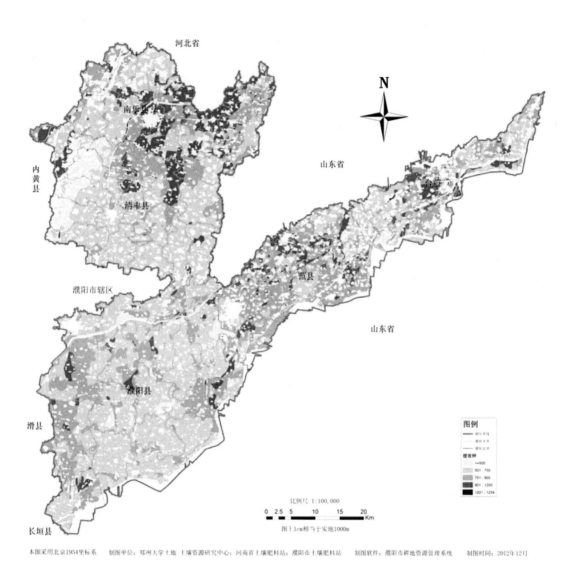

本图采用北京1954坐标系　　制图单位：郑州大学土地 土壤资源研究中心；河南省土壤肥料站；濮阳市土壤肥料站　　制图软件：濮阳市耕地资源管理系统　　制图时间：2012年12月

附图 11　濮阳市土壤缓效钾含量分布图（省级分级标准）

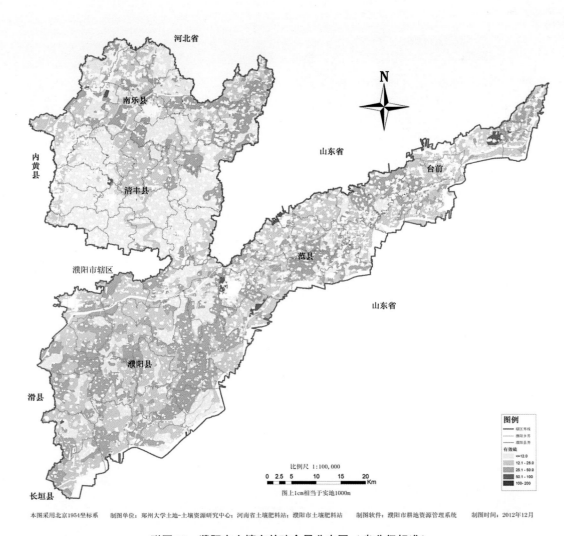

附图12　濮阳市土壤有效硫含量分布图（省分级标准）

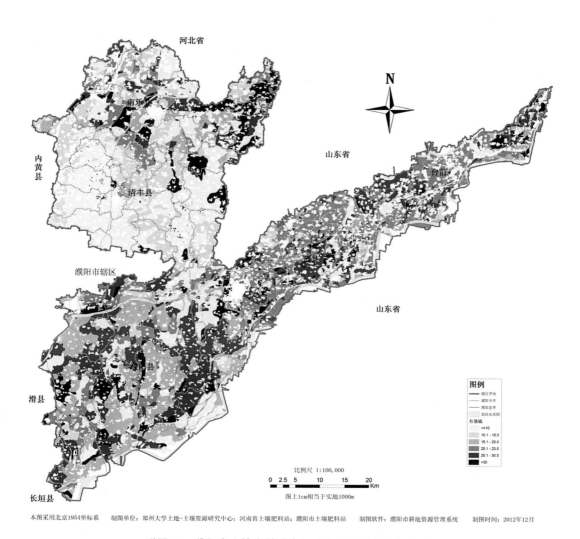

附图 **13**　濮阳市土壤有效硫含量分布图（细化分级标准）

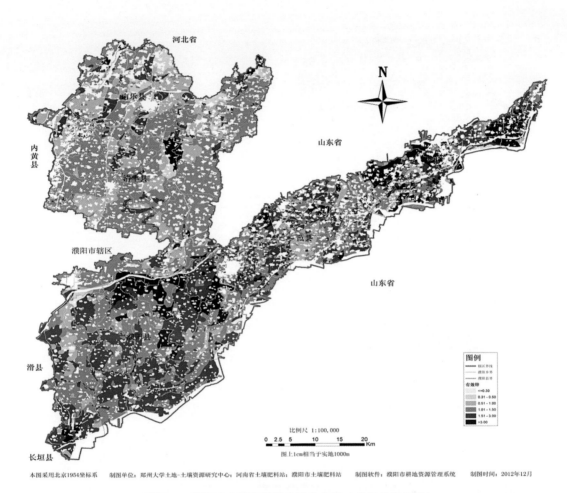

附图 14 濮阳市土壤有效锌含量分布图（省级分级标准）

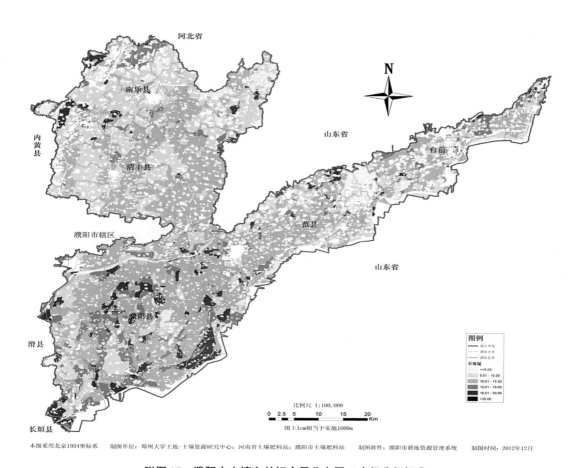

附图 15　濮阳市土壤有效锰含量分布图（省级分级标准）

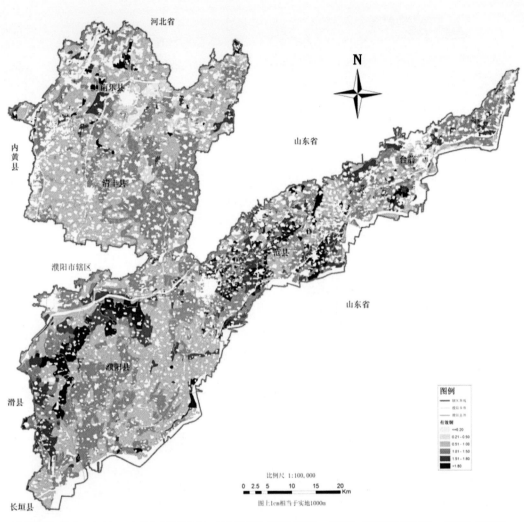

比例尺 1:100,000

0 2.5 5   10   15   20
————————————————————Km

图上1cm相当于实地1000m

本图采用北京1954坐标系   制图单位：郑州大学土地·土壤资源研究中心；河南省土壤肥料站；濮阳市土壤肥料站   制图软件：濮阳市耕地资源管理系统   制图时间：2012年12月

附图16 濮阳市土壤有效铜含量分布图（省级分级标准）

附图 17　濮阳市土壤有效铁含量分布图（省级分级标准）

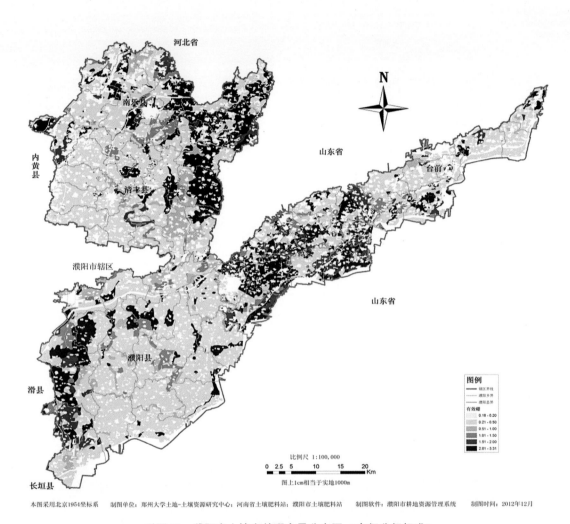

附图 18　濮阳市土壤有效硼含量分布图（省级分级标准）

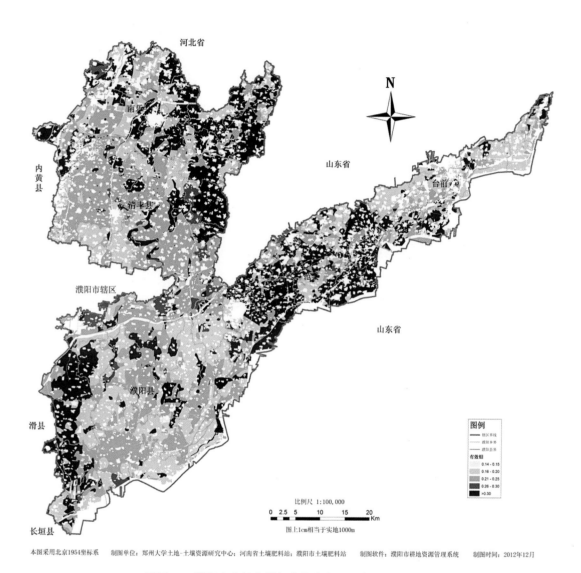

附图19　濮阳市土壤有效钼含量分布图（省级分级标准）

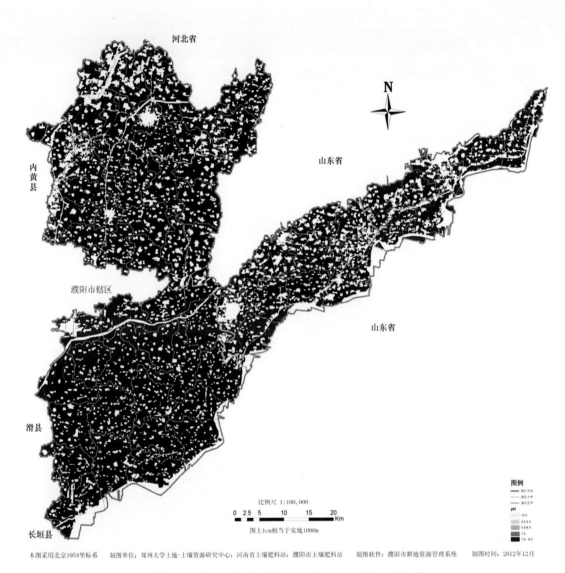

附图20 濮阳市耕层土壤 pH 值分布图（省分级标准图）

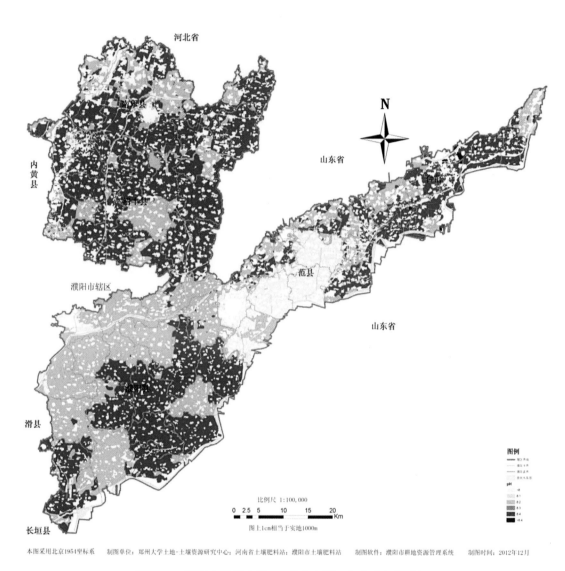

附图 21　濮阳市耕层土壤 pH 值分布图（细化分级标准图）

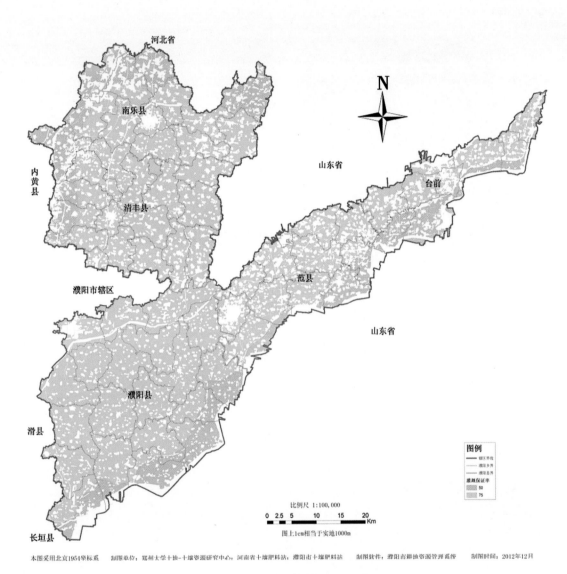

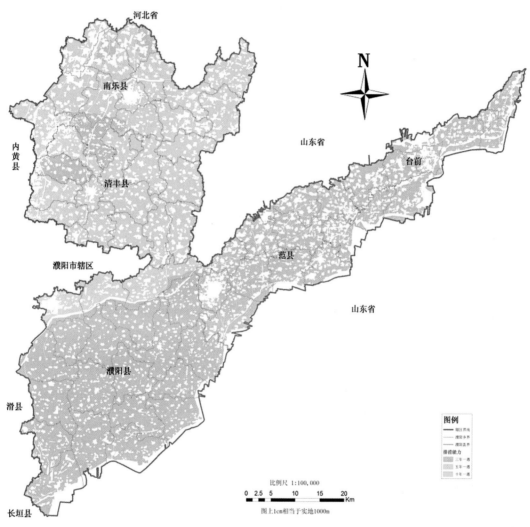

本图采用北京1954坐标系　　制图单位：郑州大学土地-土壤资源研究中心；河南省土壤肥料站；濮阳市土壤肥料站　　制图软件：濮阳市耕地资源管理系统　　制图时间：2012年12月

附图 23　濮阳市耕地排涝分区图

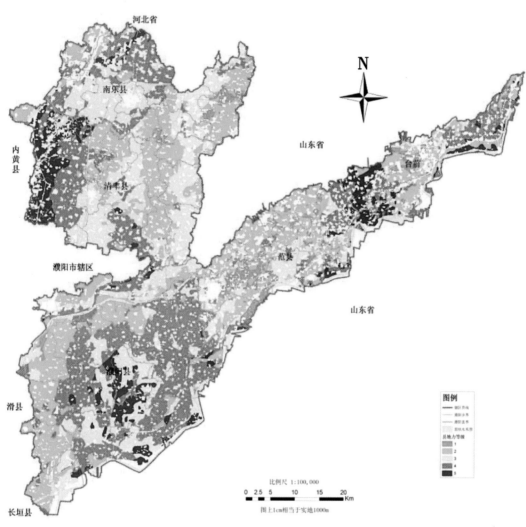

附图 25　濮阳市耕地地力等级评价图

比例尺 1:100,000

0 2.5 5   10   15   20
━━━━━━━━━━ Km
图上1cm相当于实地1000m

本图采用北京1954坐标系　制图单位：郑州大学土地-土壤资源研究中心；河南省土壤肥料站；濮阳市土壤肥料站　制图软件：濮阳市耕地资源管理系统　制图时间：2012年12月

附图 26　濮阳市耕地地力等级归入部级地力等级图

附图 27　濮阳市耕地盐渍化影响分布图

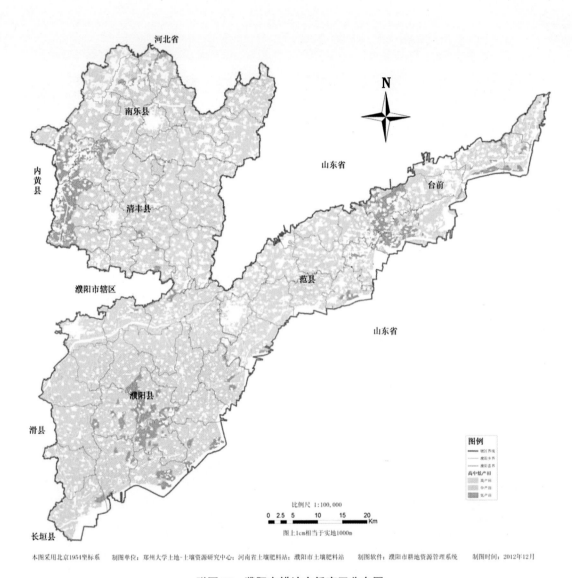

比例尺 1:100,000

图上1cm相当于实地1000m

本图采用北京1954坐标系   制图单位：郑州大学土地-土壤资源研究中心；河南省土壤肥料站；濮阳市土壤肥料站   制图软件：濮阳市耕地资源管理系统   制图时间：2012年12月

附图28   濮阳市耕地中低产田分布图

附图 29　濮阳市耕地中低产田改良类型区分布图